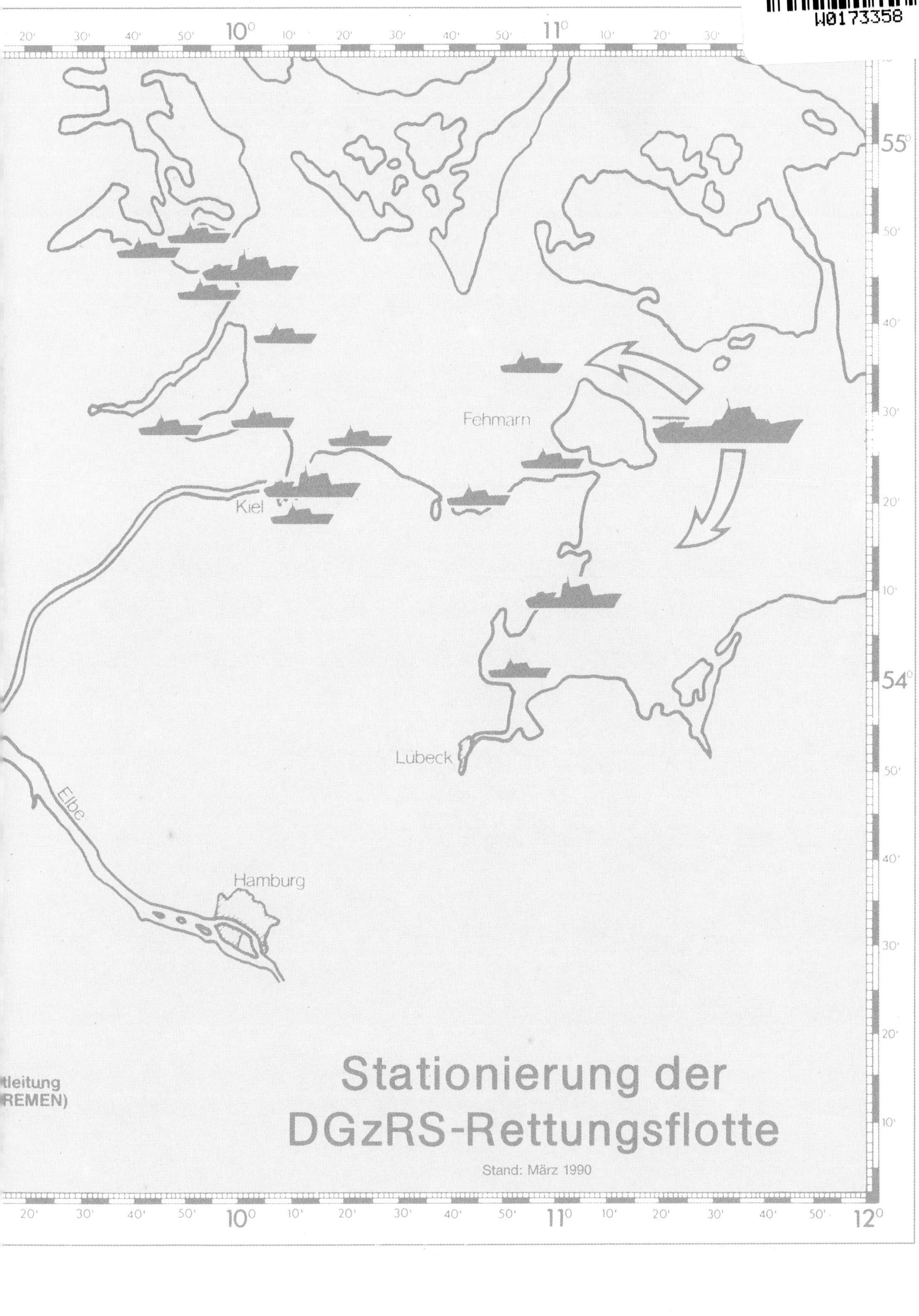
10°
11°
12°
55°
54°
Fehmarn
Kiel
Lübeck
Elbe
Hamburg
tleitung
REMEN)

# Stationierung der DGzRS-Rettungsflotte

Stand: März 1990

# SEE NOT RETTUNG

## 125 Jahre DGzRS

# SEE NOT RETTUNG

## 125 Jahre Deutsche Gesellschaft zur Rettung Schiffbrüchiger

von
Bernd Anders
Andreas Lubkowitz
Hermann Wende

VERLAGSHAUS DIE BARQUE

# Unser Dank

Eine Publikation dieser Art kann nur mit Hilfe und tatkräftiger
Unterstützung von vielen Seiten entstehen.
Die Autoren und der Verlag danken allen, die in Kreisen der DGzRS und von außerhalb
durch konstruktive Kritik und Anregungen die Arbeiten an diesem Buch begleitet haben.
Insbesondere seien erwähnt Herr Peter Neumann/ Yacht Photo Service, Hamburg,
für die aktuelle Farbfotografie, sowie die Archive Werner, München, und Segelke, Bremen,
im Rahmen der oftmals mühevollen Suche nach historischen Abbildungen, ebenso der regelmäßige
Gedankenaustausch mit Herrn Dr. Christian Ostersehlte und Herrn Wilhelm Esmann.
Der Dank gilt ferner allen ungenannten – weil zum Teil unbekannten – Fotografen,
deren Bildmaterial aus dem Archiv der DGzRS Verwendung fand.

Die Berichte über Einsätze der Rettungsflotte entstammen vornehmlich zeitgenössischen
Darstellungen von Rettungsstationen, Orts- und Bezirksvereinen der DGzRS
und sind – zumeist unverändert – im Original übernommen worden.

**SEE–NOT–RETTUNG**
**125 Jahre DGzRS**

ISBN 3-89242-127-7
© – 1990 Verlagshaus DIE BARQUE GmbH, Hamburg

| | |
|---|---|
| Redaktion: | Rüdiger M. Wöllert, Barsbüttel |
| Umschlaggestaltung und Buchlayout: | Peter Neumann/Astrid Koors (YPS), Hamburg |
| Foto-/Bildnachweis: | Peter Neumann, Hamburg<br>DGzRS-Archiv, Bremen |
| Lithographie: | ReproDukt, Langenhagen |
| Gesamtherstellung: | Druckerei C.H. Wäser, Bad Segeberg |
| Printed in Germany | |

# Inhalt

# DGzRS
## Eine Verbindung von Bürgersinn und Bürgermut

"Die Deutsche Gesellschaft zur Rettung Schiffbrüchiger ist eine Verbindung von Bürgersinn und Bürgermut: Der Bürgersinn, der die Menschen zusammenbringt, um völlig frei von staatlicher Unterstützung selbst die Mittel aufzubringen, die zur Erreichung des Gesellschaftszweckes erforderlich sind, und der Bürgermut derer, die auf den Schiffen Tag und Nacht ihren Dienst tun, um Menschen zu helfen... So voll die Herzen damals im Jahre 1865 waren von dem Gedanken, daß Deutschland zusammenfinden sollte, so hat dennoch diesem Gedanken seinen bis heute und weit in die Zukunft weiterreichenden tieferen Sinn die humanitäre, die den Menschen zugewandte Zielsetzung gegeben, wie sie in Idee und Praxis der DGzRS zum Ausdruck kommt.

Hier wird das Menschenleben um seiner selbst willen geschützt und gerettet, und man kann, wenn man sich klar macht, was hier für mutige und zähe Arbeit geleistet wird, nur dringend hoffen, daß alle Menschen, die sich auf dem Wasser befinden, ihrerseits nicht durch Leichtsinn dazu beitragen mögen, daß die Schiffe der Deutschen Gesellschaft zur Rettung Schiffbrüchiger unnötig in Gefahr geraten. In einer Gesellschaft wie dieser stellt sich nicht die Frage nach dem Sinn des Lebens und nach dem Sinn der Aufgabe – sie ergibt sich ganz von selbst. Ich danke denen, die diese Schiffe fahren und die die Rettung aus Lebensgefahr ihrerseits vollbringen, ebenso auch jenen vielen anderen, die sich der Gesellschaft innerlich verbunden fühlen und ihr die Arbeit durch ihre laufende materielle und geistige Zuwendung ermöglichen...

Ich möchte der DGzRS und allen ihren Freunden und Mitgliedern weiterhin großen Erfolg auf dem Wege wünschen, dem sie sich verschrieben haben, und der uns allen zugute kommt. Ich finde, es ist einfach schön, in einem Land zu leben, in dem es einen so großartigen Einsatz für den Mitmenschen gibt, wie die Deutsche Gesellschaft zur Rettung Schiffbrüchiger ihn leistet, und ich möchte mit dem schönen, von einer guten Tradition geprägten alten Spruch schließen und meine Wünsche zusammenfassen mit den Worten:
*'Gott segne das Rettungswerk'.*"

Auszug aus der Rede von Bundespräsident Dr. Richard von Weizsäcker, Schirmherr der DGzRS, anläßlich der Taufe des Seenotkreuzers "Berlin" im Mai 1985 in Bremen-Vegesack.

# SEENOT-RETTUNG

## Eine Herausforderung an Mensch und Technik – heute wie vor 125 Jahren

125 Jahre Deutsche Gesellschaft zur Rettung Schiffbrüchiger – DGzRS: 1865 hervorgegangen aus einer der ersten Bürgerinitiativen im damals noch zersplitterten Deutschland, hat sich diese Institution zu einem der modernsten Seenotrettungsdienste auf der Welt entwickelt.

125 Jahre DGzRS – ein Jubiläum und sicher ein denkwürdiges Datum, aber kein Anlaß für aufwendige Feiern. Aus zwei Gründen: Große Feierlichkeiten entsprechen weder dem Selbstverständnis unserer Rettungsmänner noch dem Wesen unserer Gesellschaft; und einer Organisation wie der DGzRS, die sich ausschließlich von freiwilligen Zuwendungen finanziert, steht es nicht zu, die ihr anvertrauten Mittel für unangemessene Feste zu verwenden.

Der 125. Geburtstag unserer Gesellschaft soll jedoch Anlaß sein, an die bewegte – und bewegende – Geschichte des deutschen Seenotrettungswerks zu erinnern und mit Stolz Rückschau zu halten auf das Geleistete und Erreichte. Hinter uns liegt ein langer, oft beschwerlicher Weg, der mit diesem Buch dokumentiert werden soll. Voller Hochachtung gedenken wir der Anstrengungen und Leistungen all derer, die – sowohl auf See als auch an Land – Mitte des vergangenen Jahrhunderts das Seenotrettungswerk mit großem Idealismus ins Leben gerufen und aufgebaut haben. Diese Publikation soll uns aber auch vor Augen führen, daß der Seenotrettungsdienst zu jeder Zeit mehr war und ist als eine technische Einrichtung. Vieles hat sich in all den Jahren geändert, geblieben ist der Mensch im Mittelpunkt des Zusammenwirkens mit der Technik, seine uneingeschränkte Bejahung der selbstlosen Hilfe für den in Not geratenen Mitmenschen. Geblieben ist aber auch die See als eine unberechenbare Naturgewalt – und damit verbunden das hohe persönliche Risiko für jeden, der sich unserem humanitären Auftrag verschrieben hat.

Oberstes Prinzip der DGzRS ist heute wie vor 125 Jahren die Freiwilligkeit – in zweierlei Hinsicht. Kein Rettungsmann – ob ehrenamtlich oder festangestellt – kann, angesichts der Gefahr für das eigene Leben, von irgendeiner Institution zum Einsatz "befohlen" werden. Die Entscheidung hierüber muß jedem einzelnen überlassen bleiben, wenngleich sich – die Anmerkung sei gestattet – diese Frage für unsere Rettungsmänner nie gestellt hat. Und nach wie vor wird unser Rettungswerk, wird die Arbeit der Seenotretter, wie bereits erwähnt, ausschließlich von freiwilligen Zuwendungen getragen. Keiner unserer zahlreichen Förderer im ganzen Land kann mit seiner Fürsprache oder Spende mehr erwarten als "nur" die Gewißheit, Gutes zu tun und uneigennützig seinen wichtigen Beitrag zur Erfüllung unserer Aufgaben zu leisten.

Wir wollen unser Jubiläum zum Anlaß nehmen, allen Dank zu sagen, die sich durch ihre ideelle oder materielle Unterstützung oder durch ihre tatkräftige, engagierte Mitarbeit um das deutsche Seenotrettungswerk verdient gemacht haben. Unser Dank gilt den Rettungsmännern, den Wegbereitern und Förderern unserer Gesellschaft, den Freunden und Kollegen im Ausland, die uns auch in schwierigen Zeiten mit Rat und Tat zur Seite standen, den Partnern im Inland, den Mitgliedern und Spendern in nah und fern sowie – nicht zuletzt – den ehrenamtlichen Helfern und hauptamtlichen Mitarbeiterinnen und Mitarbeitern.

In der jüngsten Vergangenheit haben Seenotfälle in allen Teilen der Welt gezeigt, wie wichtig ein leistungsfähiger Seenotrettungsdienst ist, in dem Mensch und Technik jederzeit auf den Ernstfall vorbereitet sind. Mit der Zunahme des Seeverkehrs – besonders beim Transport von gefährlichen Gütern, im Fährbetrieb und im Wassersport – werden immer höhere Anforderungen an den Seenotrettungsdienst gestellt. Wir sind aufgefordert, dieser Entwicklung Rechnung zu tragen und uns auch den zukünftigen Herausforderungen zu stellen. Dank der Angehörigen der Deutschen Gesellschaft zur Rettung Schiffbrüchiger auf See und an Land und mit Ihrer aller Hilfe sind wir überzeugt, daß wir den vor uns liegenden Aufgaben zuversichtlich entgegensehen können.

**Der Vorstand**
Bremen, im April 1990

*Bei Orkan in kochender See...*

…"Hermann Helms", 27-Meter-Seenotkreuzer der neuesten Generation

RATSCHKE

*Im Einsatz auch bei extremen Wetterlagen…*

*...Seenotkreuzer "H.J. Kratschke" im Eisnotdienst an der nordfriesischen Küste*

# SOS...
# KURS
# MENSCHEN
# RETTEN

**"S**chmeiß' an, Karl! *Kollision bei Tonne 34!"* Mit diesen Worten weckt der Vormann des Seenotkreuzers der Station Cuxhaven seinen Maschinisten und die übrige Crew. Es ist Samstagfrüh, 3.38 Uhr, ein naßkalter Januarmorgen. Schon dröhnen die Motoren. Nur wenige Minuten sind vergangen von der Alarmie-

rung des Seenotkreuzers bis zum Auslaufen. Zunächst heißt es *"Volle Kraft voraus!"*. Unterwegs erfahren die Männer Näheres über den Unfall. Zwei Frachtschiffe sind in der Elbmündung kollidiert. Die vier Besatzungsmitglieder des kleineren Küstenmotorschiffes mußten – nur notdürftig bekleidet – in die Rettungsinsel gehen. Innerhalb kür-

zester Zeit war ihr Schiff in den eisigen Fluten versunken. Plötzlich: Vor dem Seenotkreuzer baut sich eine pottendicke Nebelwand auf. Die Suche wird schwieriger. Nur noch zwei Flecken auf dem Radarschirm lassen den Unfallort vermuten. Da – die Rettungsmänner auf dem oberen Fahrstand glauben, das Rot einer Signalrakete ausgemacht zu ha-

ben. Und tatsächlich: Aus dem Nebel taucht schemenhaft eine Rettungsinsel vor ihnen auf. Der Rest ist beinahe Routine. Die stark unterkühlten und zum Teil verletzten Schiffbrüchigen werden geborgen und im Bordhospital des Seenotkreuzers medizinisch versorgt. Gegen 5.30 Uhr macht das Boot wieder an seinem Liegeplatz im Fährhafen fest. Allerdings bleiben den Rettungsmännern nur eineinhalb Stunden, dann meldet sich die SEENOTLEITUNG BREMEN erneut mit einem Einsatz.

**D**ieser Winter hat es in sich. Nur wenige Tage nach dem Unfall vor Cuxhaven wird in der Ostsee, querab von Friedrichsort, die Kollision eines dänischen Küstenmotorschiffes mit einem bulgarischen Stückgutfrachter gemeldet. Erneut erschweren die widrigen äußeren Bedingungen den Rettungseinsatz; eisiger Nebel in der Kieler Förde, minus 15° Celsius, stockdunkle Nacht. Trotz klirrender Kälte und geringer Sichtweiten ist der Seenotkreuzer der DGzRS knapp zehn Minuten nach dem Alarm vor Ort. Wrackteile treiben im Wasser, es riecht nach Öl. Schwach klingt es wie "Hilfe" durch die Nacht.

Die Männer auf dem Seenotkreuzer haben starke Suchscheinwerfer eingeschaltet und erkennen schließlich einen Menschen im Wasser, der sich krampfhaft an einem Rettungsring festklammert. Schon gleitet das Tochterboot aus der Heckwanne und läuft auf den Schiffbrüchigen zu. Während für zwei Seeleute jede Hilfe zu spät kommt – sie sind in dem gesunkenen Havaristen eingeschlossen – kann dieser Schiffbrüchige – er hat durch die Kälte bereits das Bewußtsein verloren – in letzter Sekunde gerettet werden.

**E**in sonniges Frühlingswochenende im Mai. Genau richtig für Wassersportler, um "anzusegeln", wie der Skipper die Eröffnung der Saison nennt. Zahllose Segel- und Motoryachten sind in diesen Tagen in der Deutschen Bucht und in der westlichen Ostsee anzutreffen. Am Nachmittag jedoch ändert sich das Wetter schlagartig. Sturm kommt auf, immer wieder durch gefährliche Gewitterböen verstärkt. In der SEENOTLEITUNG BREMEN, aber auch auf den Rettungseinheiten vor Ort, gehen die ersten Notrufe ein. Bis zum Morgen haben die Rettungsmänner alle Hände voll zu tun.

Manche Boote sind nahezu pausenlos im Einsatz, und als am darauffolgenden Tag eine erste Bilanz gezogen wird, zeigt sich, daß zahlreiche Wassersportler ihr Leben allein dem schnellen Eingreifen der DGzRS-Rettungsflotte verdanken.

**D**ie Küstenfischerei ist ein hartes Brot. Auch schlechtes Wetter kann die Fischersleute nicht daran hindern, hinauszufahren. So auch an jenem Mittwoch Ende September, als Starkwind mit acht Beaufort und orkanartige Böen über die Nordsee fegen. Die Männer auf den Kuttern sind mit dem Revier vertraut und können sich auf ihre Fahrzeuge verlassen. Haarig wird es allerdings, wenn bei diesem Wetter ein Tampen in der Schraube den Kutter manövrierunfähig macht oder das Netz sich auf dem Meeresboden verhakt. Am frühen Nachmittag ist es soweit: Auf der DGzRS-Station Neuharlingersiel schrillt das Telefon: *"Fischkutter 'Seeschwalbe' auf Grund gelaufen!"*

Schnell trommelt der Vormann eine kleine Freiwilligen-Crew zusammen, und nur kurze Zeit später nimmt das 12-m-Seenotrettungsboot Kurs auf den Havari-

sten. Die kleine Einheit hat schwer gegen Sturm und Seegang zu kämpfen. Schließlich gelingt es doch, eine Leinenverbindung zum Fischkutter herzustellen und diesen in den Hafen einzuschleppen. Noch am Abend ist der Einsatz überall in dem kleinen, idyllischen Ort an der Küste Gesprächsthema Nummer eins. Nur die Rettungsmänner verlieren kein Wort darüber, für sie war die Fahrt eine Selbstverständlichkeit.

3.15 Uhr in der Frühe des zweiten Weihnachtstages. An Bord des Seenotkreuzers der Station Borkum ist die Nachtruhe abrupt vorüber. Einsatz für einen brennenden Frachter in Höhe der Tonne D/B 3. Was war geschehen? Gegen 3.00 Uhr hatte der Bootsmann eines zypriotischen Schiffes Feuer an Bord gemeldet. Der Brand hatte bereits um sich gegriffen, die tragbaren Bordfeuerlöscher kommen gegen die

---

**2.00 Uhr morgens bei 15 Grad minus: Kollision im eisigen Nebel in der Kieler Förde. Ein dänischer Seemann nach der Rettung: "Dank ist nur ein schwaches Wort."**

Dicht steht der Nebel Anfang Januar 1986 über der Kieler Förde. Eiseskälte: Bei 15 Grad minus und Wassertemperaturen um null Grad wagt man sich kaum noch vor die Tür. Langsam schiebt sich das unter Panama-Flagge laufende dänische Küstenmotorschiff "Cavima" (405 BRT) durch die engste Stelle der Förde, querab Friedrichsort. An Bord: fünf Mann Besatzung und der Lotse, der kurz zuvor zugestiegen ist. Kurz hinter ihnen läuft das Küstenmotorschiff "Biskaya", das in den nächsten Minuten eine nicht unbedeutende Rolle spielen wird.

Auf dem auslaufenden bulgarischen Stückgutfrachter "Koznitsa" (16.500 BRT) hat man angesichts der geringen Sichtweite drei Mann Ausguck auf der Back und den Bootsmann auf der Brücke. Die "Koznitsa" läuft jetzt in Richtung Tonne 10, als es urplötzlich einen dumpfen Schlag gibt, gefolgt von dem häßlichen Geräusch, das entsteht, wenn Metall aufgerissen wird. Geistesgegenwärtig reagiert der Funker des großen Schiffes und gibt Seenotalarm auf einem für dieses Seerevier freigehaltenen Funkkanal, einem Arbeitskanal, der nicht mit dem ständig auf den Seenotkreu-

zern eingeschalteten Notrufkanal 16 identisch ist.

Den Ruf hört auch der Schleusenwärter in Kiel, der im gleichen Atemzug die Wasserschutzpolizei informiert. Von hier aus geht die Notfallmeldung an das RCC BREMEN weiter. Per Selektivruf erfolgt aus der SEENOTLEITUNG BREMEN der Alarm auf dem in Laboe stationierten Seenotkreuzer "Berlin". Die Männer hier lassen keinen Augenblick ungenutzt vergehen.

Schnell das Wetterzeug über den Schlafanzug ziehen, die Landverbindung lösen und raus: Vier Seeleute sollen im eisigen Fördewasser treiben, wie der diensthabende Vormann jetzt von der Revierfunkstelle Kiel-Pilot, dem Leuchtturm in der Kieler Förde, hört. Trotz der klirrenden Käl-

te und geringster Sichtweiten im Eisnebel ist die "Berlin" knapp zehn Minuten nach dem Alarm vor Ort.

Wrackteile treiben im Wasser, es riecht nach Öl. Schwach klingt es wie "Hilfe" durch die Nacht. Die Männer auf der "Berlin" haben die starken Suchscheinwerfer eingeschaltet und erkennen einen im Wasser treibenden Menschen, der sich krampfhaft an einem Rettungsring festklammert. Schon gleitet das Tochterboot "Steppke" ins Wasser und läuft auf den Schiffbrüchigen zu, der durch die seitlich in die Bordwand eingelassene und jetzt geöffnete Bergungspforte gezogen werden kann – eine wichtige Einrichtung, denn unterkühlte Schiffbrüchige müssen möglichst waagerecht abgeborgen werden, um die Kreislauffunktion nicht zu gefähr-

*Am Tag nach der Kollision wird die schwer beschädigte "Cavima" gehoben*

Flammen nicht an. Die Lage auf dem brennenden Schiff ist aussichtslos. Alle Seeleute – zuletzt der Kapitän und der Leitende Maschinist – verlassen den Havaristen und gehen in die Rettungsboote. Zwei Besatzungsmitglieder werden aus dem eiskalten Wasser gefischt, vom Steward

aber fehlt jede Spur. Eine dramatische Rettungsaktion beginnt. Beteiligt ist ein dänisches Frachtschiff, ein Hubschrauber der SAR (Search and Rescue)-Staffel der Bundesmarine sowie der Borkumer Seenotkreuzer der Deutschen Gesellschaft zur Rettung Schiffbrüchiger. Gleichzeitig setzt die

SEENOTLEITUNG BREMEN der DGzRS mit dem Helgoländer Seenotkreuzer eine zweite Einheit ein. Denn: Inzwischen ist zur Gewißheit geworden, daß der brennende Frachter nicht nur 40.000 Liter Dieselöl gebunkert hat, sondern auch Ladung unterschiedlichster Gefahrenklassen

den. Der Mann ist völlig verkrampft. Seine Körper-Kerntemperatur ist fast bis an den niedrigsten Punkt gesunken, der ein Überleben gewährleisten kann. Vorsichtig transportieren die Rettungsmänner den Schiffbrüchigen in das Bordhospital. Mit routinierten Handgriffen schließen sie das Beatmungsgerät an. Vorsichtig wird dem Unterkühlten erwärmte Atemluft zugeführt. Er ist in eine wärmende Spezialfolie und Wolldecken gehüllt.

Während sich der gerettete Schiffbrüchige zusehends erholt, geht draußen in der Förde die Suche weiter. Zwei Landsleute des Geretteten - dänische Seeleute - und der deutsche Lotse sind ebenfalls in Sicherheit.

Das Kümo "Biskaya", von dem eingangs die Rede war, hat kurz nach der Kollision beigedreht und die Schiffbrüchigen aufgenommen. Der Kapitän hat den Unfallhergang am Radarschirm verfolgt. Sofort schaltet er die Schiffsbeleuchtung ein. Die Decksleute werfen Rettungsringe in das eisige Wasser, aus dem die Hilferufe der Schiffbrüchigen die Richtung angeben. Eine Leiter wird außenbords gehängt. Die zehn Minuten, die sie im Wasser trieben, seien ihnen wie eine Ewigkeit vorgekommen, berichten sie später.

Zwei weitere Besatzungsmitglieder werden vermißt: portugiesische Matrosen. Nach menschlichem Ermessen und aufgrund der extremen Minustemperaturen gibt es kaum Über-

lebenschancen. Gegen 3 Uhr macht die "Berlin" auf ihrer Station im Hafen Laboe fest. Ein Arzt und ein Nothelfer warten hier - sie sind über Funk vom Seenotkreuzer alarmiert worden. Der Arzt legt zunächst eine Infusion an, um die Transportfähigkeit des Unterkühlten zu gewährleisten. Dann geht es per Rettungswagen in das nächstgelegene Krankenhaus Preetz. Die "Berlin" nimmt die Suche erneut auf. Sie sucht im Kollisionsbereich weiter; an Land leuchtet die Feuerwehr mit Scheinwerfern den Strand ab - vielleicht haben sich die zwei Vermißten schwimmend retten können.

Die "Biskaya" hat sofort das Schleusenbecken Holtenau angelaufen, nachdem die zwei Seeleute und der Lotse an Bord waren. Als der Matrose an Land geht - eingewickelt in

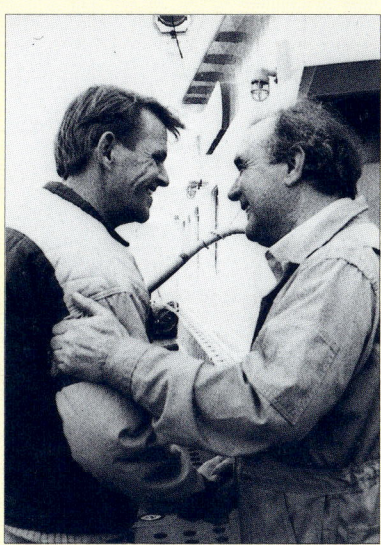

*Dank ist nur ein schwaches Wort...*

dicke Decken - tropft ihm noch das Wasser aus den Haaren.

Für den Lotsen, der einen schweren Schock erlitten hat, wird eine Trage bereitgestellt - völlig erschöpft ist er zusammengebrochen.

Bis auf seine Hose mußte der Kapitän der "Cavima" alles an Bord seines havarierten Schiffes lassen. Ein freundlicher Polizist wirft jetzt seine dicke, schützende Lederjacke über den nackten Oberkörper. Die Männer werden umgehend nach Kiel ins Krankenhaus gefahren, wo sie sich schnell erholen - alle, auch der Kollege, der in Preetz im Krankenhaus liegt, verfügen über eine erstaunlich stabile Konstitution, so daß sie am nächsten Tag schon entlassen werden können.

Ende Januar erhält der Vormann des Seenotkreuzers "Berlin" einen langen Brief von Anders Andersen, dem Schiffbrüchigen, den die "Berlin"-Besatzung aus der eisig kalten Kieler Förde retten konnte:

"An alle Besatzungsmitglieder der 'Berlin'! Ich bin glücklich und dankbar. 'Dank' ist nur ein schwaches Wort, um meine Empfindungen und Gedanken Ihnen gegenüber auszudrücken, aber ich danke Ihnen von ganzem Herzen. Ich übersende Ihnen heute ein Foto, damit Sie sehen können, was Sie für mich gerettet haben: meinen 19 Monate jungen Sohn und die zweieinhalb Monate junge Tochter, die jetzt nicht ohne Vater aufwachsen müssen."

mit sich führt. Nicht auszudenken, was geschieht, wenn das Feuer auf diesen Teil der Ladung – ätzende, giftige und selbstentzündliche Stoffe – übergreift! Nachdem 16 der 17 Schiffbrüchigen – der Steward fällt der See zum Opfer – in Sicherheit gebracht werden können, gilt die Arbeit der Rettungsmänner vornehmlich der Brandbekämpfung – um Schlimmeres oder gar eine Katastrophe für die Umwelt zu verhindern.

Über leistungsstarke Feuerlöschanlagen wird ununterbrochen tonnenweise Wasser in die Brandherde auf dem Havaristen geschleudert. Gegen Mittag heißt es schließlich: "Wasser stopp!". Für die Männer auf den beiden Seenotkreuzern ist die Arbeit beendet. Ein Schlepper nimmt den Havaristen auf den Haken. Während im ganzen Land das Weihnachtsfest begangen wird, kehren zehn Rettungsmänner der DGzRS mit ihren beiden Booten

nach stundenlangem Einsatz an diesem naßkalten 26. Dezember zu ihren Liegeplätzen zurück. Wieder einmal hat sich das Zusammenspiel von Mensch und Technik bewährt. Wieder einmal wurde deutlich, wie wichtig die ständige Einsatzbereitschaft der DGzRS-Flotte ist. 365 Tage im Jahr, rund um die Uhr und bei jedem Wetter stehen die Männer auf den Seenotkreuzern bereit, um Schiffbrüchigen zu helfen.

Vorbeugende Maßnahmen zur Sicherheit der Schiffahrt und zum Schutz für Mensch, Tier und Pflanzenwelt im Lebensraum Meer sind ein Teilaspekt, der in den letzten Jahren mehr und mehr an Bedeutung gewonnen hat. Hierunter fallen die zahlreichen Hilfeleistungen der DGzRS, die im Vorfeld ernstzunehmender Situationen durchgeführt

werden und daher wesentlich zur Abwendung von größeren Seenotfällen mit katastrophalen Folgen für die Umwelt beitragen. Wesentlicher Bestandteil dieser Prophylaxe sind die regelmäßigen Kontrollfahrten der DGzRS-Einheiten. Nach jeder Schlechtwetterperiode fahren die flachgehenden Boote ihre Reviere ab, wird Ausschau gehalten nach gefährlichem Treibgut und Ölverschmutzungen, werden Fahrwasser-Veränderungen und Priel-Läufe erkundet, so daß die Rettungsmänner laufend ihre Unterlagen aktualisieren können. Der folgende Fall unterstreicht die Wichtigkeit derartiger Aktivitäten. Der Wilhelmshavener Seenotkreuzer befindet sich an einem Vormittag im Mai auf routinemäßiger Kontrollfahrt. Unterwegs, etwa acht Seemeilen nördlich der Insel Wangerooge, empfängt er vom Seewarndienst über die Küstenfunkstellen der Deutschen Bundespost die Mel-

*Die Bergungspforte ermöglicht das Abbergen Schiffbrüchiger fast aus Höhe der Wasserlinie*

dung, daß am Vormittag ein Frachter Teile seiner Decksladung bei schwerem Wetter verloren habe. Es handelt sich überwiegend um lange Bauholzplanken, die weit verstreut im Fahrwasser treiben und eine Gefahr für die gesamte Schiffahrt darstellen. Was ursprünglich als Kontrollfahrt gedacht war, hat sich unvermittelt zu einem Einsatz entwickelt. Das Treibgut wird von den Seenotrettern wenig später gesichtet und Planke für Planke aus dem Wasser geholt – eine zeitraubende, aber notwendige Arbeit; eben ein Beitrag der DGzRS zur Sicherheit der gesamten Schiffahrt sowie zum Schutz der Umwelt.

Jahr für Jahr werden von den Einheiten der DGzRS-Rettungsflotte mehr als 2.000 Einsätze durchgeführt. Seit Gründung der Gesellschaft am 29. Mai 1865 wurden rund 50.000 Menschen nahezu aller seefahrenden Nationen aus Seenot gerettet oder aus lebensbedrohender Gefahr befreit. Nicht immer sind die Einsätze jedoch so dramatisch wie geschildert. Mitunter übernehmen die Rettungsmänner der DGzRS von Seeschiffen, Inseln oder Halligen Kranke oder Verletzte, die zum Festland transportiert werden müssen. Sie kommen Wattwanderern zu Hilfe, die von Seenebel und auflaufendem Wasser überrascht wurden; sie unternehmen Lotsenversetzfahrten, wenn aufgrund von Wetter und Seegang andere Möglichkeiten nicht mehr gegeben sind. Gelegentlich gilt es aber auch, ein in Seenot geratenes Tier zu retten, oder einen "Heuler", einen kleinen Seehund, der vom Muttertier verlassen wurde, in Sicherheit zu bringen. Im besonders harten Winter sind die Boote der DGzRS nicht selten die einzige Verbindung zwischen Festland, Inseln und Halligen. Mit ihren Fahrten durch Eis und Schneegestöber halten sie die Versorgung der Bevölkerung mit Lebensmitteln und Medikamenten aufrecht.

Aber auch wenn nichts zu tun ist, herrscht bei den Rettungsmännern beileibe keine Langeweile an Bord. Neben den Kontrollfahrten testen und warten sie regelmäßig die Technik ihrer Boote und Rettungsmittel; sie beobachten das Wetter und geben die Daten zweimal täglich über die SEENOTLEITUNG BREMEN an das Seewetteramt weiter.
Und trotz aller Technik: Im Mittelpunkt steht der Mensch, der Rettungsmann – seine hohe Qualifikation und seine selbstlose Einsatzbereitschaft unter allen Umständen, getreu dem Motto "SOS – Kurs Menschen retten!"

*Auch er fühlt sich bei den Seenotrettern "geborgen": Heuler an Bord – Rettungseinsatz beendet!*

"Arbeitsplatz" bei Wind und Wetter…

20

*… der obere offene Fahrstand des Seenotkreuzers*

# HELDEN DER KÜSTE? DANN LIEBER RETTER OHNE RUHM!

*"15.28 Uhr. Notruf über RCC* BREMEN: *Einsatz für die Besatzung eines Fischkutters ca. 15 Seemeilen westlich Amrum. 16.30 Uhr Eintreffen am Unfallort. Übernehmen der beiden Fischer aus der Rettungsinsel. Personen stark unterkühlt. Werden im Bordhospital behandelt. 18.10 Uhr an Krankenwagen übergeben. 18.25 Uhr wieder klar P3 auf Station. Wetter: Schauerböen, Stärke 6-7, mittlere Sicht."*

**D**ies ist ein typisches Beispiel für einen Bericht, den der Vormann eines Seenotkreuzers nach einem Einsatz verfaßt. Er ist geradezu charakteristisch, doch nicht selten verbergen sich hinter die-

ser Sachlichkeit, den wenigen Worten ungeheure Anstrengungen in einem mitunter stundenlangen Kampf gegen die Naturgewalten. Aber so sind sie nun einmal, die Rettungsmänner der DGzRS: Auf ihre Boote angesprochen, werden sie redselig; auf ihre gefährlichsten Einsatzfahrten angesprochen, zeigen sie sich jedoch ausgesprochen wortkarg. "Helden der Küste" hat man sie genannt; oder "Engel der See" oder im Kontrast dazu "Teufelskerle". Bei diesen Worten winken sie ab. Dann lieber "Retter ohne Ruhm", dem Titel eines Buches entsprechend. Für sie ist der Einsatz für den in Not geratenen Mitmenschen eine Selbstverständlichkeit.

Etwa 330 Rettungsmänner versehen zur Zeit ihren Dienst unter der Flagge der Menschlichkeit. Über 200 davon wie in den Anfängen des Seenotrettungswerks auf freiwilliger Basis und normalerweise anderen Berufen nachgehend. Die übrigen rund 130 Rettungsmänner sind festangestellt, stehen auf der "payroll" der DGzRS und fahren vornehmlich auf den Seenotkreuzern. Nicht zuletzt durch die immer komplexer gewordene Technik, aber auch durch die Ausdehnung des Aufgabenbereiches ist der professionelle Rettungsmann neben dem freiwillig und unentgeltlich tätigen Kollegen heute unverzichtbar in einem modernen, leistungsstarken

Seenotrettungsdienst. Die größeren Einheiten können nur noch von umfassend ausgebildeten Spezialisten gefahren werden, zumal sie nicht selten – und gerade bei schlechtem Wetter – weit weg von der eigentlichen Station auf Seeposition liegen. Ihre Besatzungen sind somit jeweils 14 Tage an Bord, um anschließend abgelöst zu werden und in den ebenso langen "Freitörn" zu gehen. Und dennoch: Reines Jobdenken hat an Bord eines Seenotkreuzers keinen Platz. Allen Rettungsmännern – sowohl den freiwilligen als auch den festangestellten – ist gemeinsam die ständige Bereitschaft zum selbstlosen Einsatz.

Die Führung eines Seenotkreuzers obliegt dem Vormann, wie der Kapitän bei der DGzRS aus traditionellen Gründen genannt wird. Je nach Größe einer Einheit stehen ihm zwei bis fünf Besatzungsmitglieder pro Diensttörn zur Seite. Wenngleich der Vormann das Sagen an Bord hat, so gilt doch zu allererst das kollegiale Miteinander. Wenn vier Menschen für mehrere Tage auf allerengstem Raum zusammenleben müssen, dann muß auch das Verständnis untereinander überdurchschnittlich groß sein. Im Ernstfall muß sich jeder blind auf den anderen verlassen können.

Die Geschichte der DGzRS vom Ruderboot bis zum Seenotkreuzer ist auch die Geschichte einiger Familien, vornehmlich aus dem ostfriesischen Raum und aus Pommern, aus deren Reihen über mehrere Generationen hinweg immer wieder Männer als Vorleute im Seenotrettungsdienst standen – und stehen. Diese "Vormanns-Dynastien" lassen sich teilweise sogar bis in die Zeit der Gründung der Gesellschaft Mitte des vergangenen Jahrhunderts zurückführen. So wurde bereits ab 1861 Johann Adam Leiß als Vormann der Rettungsstation Langeoog erwähnt. Ihm folgten 1872 Frerk Leiß, 1922 Otto Leiß und von 1973 bis 1989 Heinrich Leiß.

Als nächste Familie in dieser Reihe wären die Steffens zu nennen. Harm Jansen (1873-1902), Ulrich (1902-1927), Georg (1926-1953), Karl (1940-1962), Artur (1958-1987), Heinrich "Hein" (1960-1987), Ulrich (1973-1984) und Eduard (ab 1987) tragen alle – mehr oder weniger miteinander verwandt – den gleichen Familiennamen, eben Steffens, und tauchen alle in den Unterlagen der DGzRS als Vormann auf.

1880 begann Johann Friedrich Raß auf Norderney als Rettungsmann, zehn Jahre später wurde er Vormann der Station. 1919 trat sein Sohn Johann Friedrich Raß seine Nachfolge an, und dessen Sohn – ebenfalls mit Namen Johann Friedrich – war dort von 1959 bis 1987 als Vormann tätig.

Auch die Familie Eberhardt, die ihren Ursprung in Pommern hat, kann auf eine ganz ähnliche Tradition zurückblicken. Insgesamt viermal ist im Archiv der DGzRS der Name Johann Eberhardt verzeichnet. Erster Vormann in dieser "Dynastie" war von 1918 bis 1945 "Johann II" auf der Station Stolpmünde. Ihm gelang mit

Familienangehörigen gegen Kriegsende die Flucht mit einem Motorrettungsboot nach Schleswig-Holstein. Für seinen Sohn, "Johann III", war es nahezu selbstverständlich, 1946 den Vater als Vormann abzulösen, nunmehr auf der Station Laboe. "Johann IV", an der Küste besser als "Hänschen" bekannt, übernahm 1971 vom Vater wiederum das Kommando auf dem Seenotkreuzer "Theodor Heuss". Als sich "Hänschen" Eberhardt Ende 1988 in den wohlverdienten Ruhestand verabschiedete, hat auch die Reihe der Eberhardts in Diensten des Seenotrettungswerks, zumindest auf absehbare Zeit, ein Ende gefunden.

Stellvertretend für viele andere Familien soll an dieser Stelle ein weiterer Name erwähnt werden, der in dieser Auflistung nicht fehlen darf: die Gruhlkes. Enkel Peter ist seit 1977 als Vormann auf dem Seenotkreuzer "Wilhelm Kaisen" tätig, sein Vater Max war von 1950 bis 1976 Vormann in Büsum, ebenso wie Großvater Max von 1937 bis 1950.

Es würde zu weit führen, alle Namen und Familien aufzuführen. Um ihnen allen jedoch einmal Dank zu sagen und in Anerkennung der langjährigen Zugehörigkeit und treuen Mitarbeit im Seenotrettungsdienst, hat die DGzRS einige ihrer Seenotkreuzer nach diesen tapferen Männern benannt. 1985 wurde die "Vormann Leiß" aus der Taufe gehoben und 1989 die "Vormann Steffens", weitere Seenotkreuzer mit den Namen verdienter Rettungsmänner werden folgen.

Die Vor- und Rettungsmänner heute sind nahezu ausnahmslos im Besitz eines nautischen und/oder technischen Patents sowie des Funksprechzeugnisses. Selbstverständlich kennen sie alle ihr Revier wie ihre eigene Westentasche. Auf der Basis umfangreicher seemännischer Erfahrungen werden die Rettungsmänner in verschiedenen Lehrgängen zudem zu SAR (Search and Rescue = Suche und Rettung) -Spezialisten ausgebildet. Sie absolvieren dafür Schiffssicherheits- und Radarlehrgänge, erhalten eine intensive medizinische Ausbildung in Krankenhäusern, nehmen an Seminaren über gefährliche Ladung teil und werden unterwiesen in der Motorenwartung und -reparatur.

## Seenotkreuzer-Besatzung fiel der See zum Opfer. Vom Einsatz im Orkan kehrten vier Rettungsmänner nicht zurück.

Zum 20. Mal (1987) jährt sich ein Datum, das in der Geschichte der Deutschen Gesellschaft zur Rettung Schiffbrüchiger einen ganz besonderen, tragischen Stellenwert einnimmt: der 23. Februar 1967. Vier Rettungsmänner - die Besatzung des Seenotkreuzers "Adolph Bermpohl" - verloren ihr Leben bei einem Einsatz vor Helgo-

land. Ihre Namen sind unvergessen: Paul Denker, Hans-Jürgen Kratschke, Otto Schülke und Günter Kuchenbecker – nach ihnen wurden ein Seenotrettungsboot und drei Seenotkreuzer benannt. Viele Fragen nach den tatsächlichen Umständen

dieses Seenotfalls mußten unbeantwortet bleiben; ein fotografisches Dokument ist der einzige Beleg vom Tag danach, als die "Adolph Bermpohl" aufgefunden wurde: Führerlos trieb das Schiff mit laufendem Motor in der Nordsee.

In einer DGzRS-Veröffentlichung hieß es: "Bei dem orkanartigen Sturm, dem am 23. Februar 1967 in der Nordsee viele Schiffe und Menschen zum Opfer gefallen sind, lief unser Seenotrettungskreuzer "Adolph Bermpohl" aus, um einem nördlich von Helgoland in schwerer See befindlichen holländischen Fischkutter Hilfe zu bringen. Es gelang unseren Rettungsmännern, drei erschöpfte Holländer mit dem Tochterboot zu übernehmen. Bei einbrechender Dunkelheit meldeten sie über Funk, daß der Seenotfall been-

det sei und daß sie mit dem Tochterboot zusammen langsam nach Helgoland zurücklaufen würden. Sie erreichten den Hafen nicht. Am folgenden Morgen wurde der Rettungskreuzer "Adolph Bermpohl" beschädigt, aber voll seefähig auf ebenem Kiel treibend, in der Nordsee gefunden. Von der Besatzung fehlte jede Spur. 24 Stunden später wurde auch das Tochterboot beschädigt und kieloben treibend aufgefunden. Die Hoffnung, daß die tapfere Besatzung und die von ihr geretteten Schiffbrüchigen die Katastrophe überlebt haben könnten, brach zusammen. Trotz tagelanger Suche mit zahlreichen Fahrzeugen, Hubschraubern und Flugzeugen konnte lediglich einer der ursprünglich geretteten Holländer tot gefunden und aus der See geborgen werden. Damit wurde zur traurigen Gewißheit, daß unsere erfahrenen und bewährten Rettungsmänner ihr Leben im Rettungsdienst gelassen hatten. Wir gedenken ihrer in Trauer und Ehrfurcht."

Anhand des ständig mitgehörten Funkverkehrs läßt sich im nachhinein leider nur ein unvollständiges Bild über den Seenotfall zusammenstellen.
Offensichtlich war eine riesige Sturzsee – man vermutete eine Höhe von gut 15 Metern – über das Schiff hereingebrochen. Die Beschädigungen zeugten von der verheerenden Wucht, die der Seenotkreuzer und das – of-

Besonders wichtig für die Entwicklung des Seenotrettungsdienstes ist die Erfahrung der Rettungsmänner aus ihrem Alltag. Nicht zuletzt deshalb pflegt die Gesellschaft einen regen Gedankenaustausch mit den Männern vor Ort. So werden regelmäßig Vormannstagungen und Seminare für freiwillige Vor- und Rettungsmänner und Maschinisten in Bremen durchgeführt.

Auch zukünftig steht bei der DGzRS der Mensch im Vordergrund – seine Einsatzbereitschaft und seine Qualifikation. Die Technik kann immer nur "Erfüllungsgehilfe" sein, sie kann nie den Menschen im Seenotrettungsdienst ersetzen.

Die DGzRS ist stets bemüht, ihren Rettungsmännern ein

---

fensichtlich längsseits gegangene – Tochterboot hinnehmen mußten. Nachdem Seenotkreuzer und Tochterboot eingeschleppt worden waren, konnte auf der Werft das Ausmaß des Schadens erfaßt werden.

Die Grundsee muß die "Adolph Bermpohl" von Backbord vorn getroffen haben. Sie fiel tonnenschwer von oben über das Schiff her. Weiter hieß es in einem Schadensbericht:
"Der Turm ist auf der Backbordseite deformiert, aber das Deck des oberen Steuerstandes ist nach unten durchgebogen, die Verschanzungen nach außen gedrückt und das Metall der stabilen Lüfterkästen im oberen Steuerstand ist geknickt und gefaltet wie vom Schlag eines Dampfhammers. Massive Relingstützen, die wenig Angriffsfläche bieten, sind umgeknickt, zolldicke Metallhalterungen wegrasiert. Eine Maststütze ist glatt abgerissen und der Mast nach hinten geknickt. (...) Die Instrumente wurden verbeult, und hätte hier ein Mann gestanden, wäre er von der furchtbaren Gewalt des Wassers erschlagen worden. (...) Der Rettungskreuzer muß sich unter der Gewalt dieses Schlages nahezu 90 Grad auf die Seite gelegt haben – die Ölverschmutzungen im Maschinenraum bezeugen das –, und wahrscheinlich hat er dabei das längsseits liegende Tochterboot unter sich begraben und unter Wasser gedrückt. Vermutungen alles – doch lassen sich die feststellbaren Tatsachen kaum zu einem wesentlich anderen Bild zusammenfügen. Daß die "Adolph Bermpohl" nicht gekentert ist – wie dies eine Zeitung zunächst meldete, aber dann berichtigte –, steht einwandfrei fest. Das Tochterboot seinerseits ist an seiner gesamten Steuerbordseite im Bereich der Scheuerleiste und des mittleren Aufbaus beschädigt. Es trieb kieloben und schwamm auf den hinteren Lufttanks. (...)

Die Rettungsmänner hatten zu dem Rettungskreuzer und seinem Tochterboot größtes und auf zahlreiche Einsätze unter schwersten Bedingungen gegründetes Vertrauen. Nach Besichtigung der geborgenen Fahrzeuge ist dieses Vertrauen, so sagten uns bewährte Vormänner, unbegrenzt."

Nach Abschluß der umfangreichen und zeitaufwendigen Reparaturarbeiten zeigte sich die "Adolph Bermpohl" mit neuem "Gesicht". Der obere Fahrstand hatte eine Überdachung erhalten. Diese Maßnahme fand jedoch bei den folgenden Neubauten keine weitere Verwendung. Heute ist die "Adolph Bermpohl" auf der Insel Sylt stationiert und hat ihren Liegeplatz im Hafen von List.

Höchstmaß an Technik und Gerät zur Verfügung zu stellen, um ihnen Sicherheit und ihrem Einsatz Aussicht auf Erfolg zu geben. Und trotzdem hat sich die See allzu häufig als stärker erwiesen. 43 Seenotretter haben in der 125-jährigen Geschichte der DGzRS ihr Leben während einer Einsatzfahrt verloren. An ihr Schicksal erinnern Einheiten der Rettungsflotte, die ihren Namen tragen. Hierzu gehören u.a. Hans Lüken und Abelius Meyenburg (Motorrettungsboot "Hindenburg", Station Borkum, 28. November 1940), Max Carstensen (Seenotkreuzer "H.J. Kratschke",

Station List/Sylt, 17. April 1971) sowie die gesamte Besatzung des Seenotkreuzers "Adolph Bermpohl", die von einem Einsatz am 23. Februar 1967 in der Deutschen Bucht nicht nach Helgoland zurückkehrte. An Bord waren Vormann Paul Denker und die Rettungsmänner Hans-Jürgen Kratschke, Otto Schülke und Günter Kuchenbecker.

Sie alle haben ihr Leben gelassen im Einsatz, im Dienst für den in Not geratenen Mitmenschen. Ihr erschütterndes Schicksal soll uns

und späteren Generationen eine Mahnung sein. Es soll uns vor Augen führen, wieviel Respekt wir all den Männern schulden, die ungeachtet der Gefahr für das eigene Leben bereit sind, Schiffbrüchigen zu helfen.

➤

*Damals wie heute im Mittelpunkt: Der Mensch. Erfahren, selbstlos, wagemutig, unerschrocken – die Vormänner und Rettungsmänner der DGzRS. Stets bereit, dem in Seenot geratenen Mitmenschen zu helfen.*

## "Sie trugen keine Schwimmwesten, was für die Plötzlichkeit der Katastrophe spricht..."

Daß die Gefahren der See trotz aller Fortschritte der Technik auch für ein aufs äußerste seetüchtiges Boot bestehenbleiben, zeigt die Katastrophe, die unser MRB "Greetsiel" traf und der unser bewährter Vormann Willy Marckmann und unser Funkmechaniker Heinz Reich zum Opfer fielen.

Die "Greetsiel", ein aus Eisen erbautes 11-m-Boot, hatte eine Bereisung der Nordseestationen durchgeführt und sämtliche Seenotstationen an Land und an Bord unserer Boote überholt. Nach Beendigung dieser Arbeiten war die "Greetsiel" am 11. Oktober 1950 nachmittags von Amrum zur Fahrt nach Cuxhaven ausgelaufen. Im Vertrauen auf das außerordentlich seetüchtige Fahrzeug hatte der für seine Einsatzfreudigkeit bekannte furchtlose und unerschrockene Vormann trotz drohender Wetterlage und stürmischem Westwind

die Reise angetreten. Noch im Fahrwasser kämpfte sich das Boot gegen schwere Grundsee durch, muß dann aber auf tieferem Wasser bessere Verhältnisse angetroffen haben. Bei weiter zunehmendem Sturm hat das Boot wahrscheinlich seine Fahrt wesentlich reduziert und muß in den Morgenstunden des 12. Oktober auf der Höhe von Büsum gestanden haben. Ermüdet von einer 15stündigen Sturmfahrt hat Marckmann wohl beschlossen, Büsum anzulaufen. Getäuscht durch die auf tiefem Wasser verhältnismäßig lang und rund laufende See, geriet er auf der außerordentlich gefährlichen Barre der Norderpiep in die dort auf nur 2 1/2 m Wassertiefe stehende Brandung, ohne die Schotten des Bootes geschlossen zu haben. Hier muß eine gewaltige Grundsee – von hinten anlaufend - plötzlich das Boot eingedeckt haben. Durch die offenstehenden Schotten, die zum Bootsinnern führen, muß das Wasser in großer Menge in das Boot eingebrochen sein, wobei der hintere Zylinder durch den Ansaugstutzen Wasser saugte,

so daß der ganze Zylinder abgerissen und der Motor unbrauchbar wurde.

Durch das eingedrungene Wasser in seiner Stabilität beeinträchtigt, war das Boot – nun völlig manövrierunfähig – mitten im Brandungsgürtel ein Spielball der Brecher und muß in Sekundenschnelle überrollt worden sein. Die beiden an Bord befindlichen Männer fanden dabei den Seemannstod. Ihre Leichen wurden später angetrieben. Sie trugen keine Schwimmwesten, was für die Plötzlichkeit der Katastrophe spricht. Das Boot selbst wurde schwerbeschädigt geborgen, ist aber inzwischen wieder repariert und einsatzfähig gemacht worden.

Als die mit der Rettungsflagge bedeckten Särge der Männer, die in Ausübung ihres Dienstes auf See den Tod fanden, der Erde anvertraut wurden, hatte sich mit den hinterbliebenen Frauen und Kindern eine große Trauergemeinde eingefunden. Das Andenken der Männer aber lebt weiter im Rettungsdienst.

# SEENOT-RETTUNG IM EINKLANG VON TRADITION UND FORTSCHRITT

Grundlage der Arbeit der Deutschen Gesellschaft zur Rettung Schiffbrüchiger ist auch heute noch die Satzung, der sich die DGzRS im Rahmen ihrer Gründung am 29. Mai 1865 in Kiel verpflichtete. Danach gibt sie sich die Aufgabe, "das Rettungswerk an den deutschen Küsten der Nord- und Ostsee durchzuführen und zu fördern sowie den Gedanken selbstlosen Einsatzes zur Rettung von Menschenleben aus Seenot und gefährlichen Situationen im nationalen und internationalen Bereich zu pflegen und zu fördern". Zusammengefaßt bedeutet dies in unserer Zeit vor allem:

◆ Rettung von Menschenleben aus Seenot;
◆ Koordinierung aller Maßnahmen im Seenotfall und bei Hilfeleistungen innerhalb des SAR-Bereiches durch die SEENOTLEITUNG BREMEN (RCC BREMEN = Rescue Coordination Centre);
◆ Leistung von erweiterter Erster Hilfe, Versorgung von Notfallpatienten und Transport von Kranken und Verletzten;
◆ Hilfeleistung für Besatzungen von See- und Luftfahrzeugen aus drohender Gefahr;
◆ Durchführung von Sicherheitsaufgaben für gefährdete Schiffe und deren Besatzungen;

◆ Durchführung jeglicher Tätigkeiten, die drohende Not und Unglücksfälle verhüten helfen;

◆ Eisnotdienst für Schiffahrt, Inseln und Halligen;

◆ Tätigkeiten im Rahmen der Amtshilfe, sofern sie der Sicherheit der Schiffahrt dienen;

◆ Feuerlöschtätigkeiten auf hoher See im Rahmen der technischen Möglichkeiten und sofern der SAR-Dienst es zuläßt;

◆ Vorbeugender Umweltschutz;

◆ Unterstützung der SEENOTLEITUNG BREMEN für ausländische RCCs bei der Koordinierung der Hilfeleistungen für deutsche Schiffe in fremden Seegebieten.

Allein diese Auflistung belegt, daß sich die DGzRS gleichermaßen ihrer Geschichte verpflichtet und dem Fortschritt verschrieben hat. Historisch begründete und gewachsene Werte und die Aufgeschlossenheit gegenüber gesellschaftlichen und technischen Entwicklungen stehen im deutschen Seenotrettungswerk in keinerlei Widerspruch zueinander. Sie sind vielmehr das solide Fundament für einen leistungsfähigen, modernen Rettungsdienst, der sich stets seiner Idea-

le, seines Ursprungs und seiner Verpflichtungen bewußt ist.

Der selbstgestellte Auftrag gewährleistet seit 125 Jahren die Erfüllung der Aufgaben im Seenotrettungsdienst ohne jegliche bürokratische Hemmnisse. Er gewährleistet, daß die DGzRS den maritimen Such- und Rettungsdienst in unseren Gebieten von Nord- und Ostsee absolut unabhängig und eigenverantwortlich durchführen kann. Diese Kompetenzen werden durch das 1985 in Kraft getretene internationale SAR-Übereinkommen, das die Bundesregierung drei Jahre zuvor ratifiziert hat, und das weltweit Aufbau und Durchführung des Seenotrettungsdienstes regelt, bestätigt und noch verstärkt. Da die DGzRS den Rettungsdienst bereits seit Mitte des vergangenen Jahrhunderts erfolgreich durchführt und allen Anforderungen des internationalen SAR-Übereinkommens entspricht, hat der Bundesminister für Verkehr der Deutschen Gesellschaft zur Rettung Schiffbrüchiger die damit verbundenen Aufgaben uneingeschränkt belassen. In der Vereinbarung heißt es:

*"I. Der Bundesminister für Verkehr überträgt der Deutschen Gesellschaft zur Rettung Schiffbrüchi-*

*ger die Durchführung des Such- und Rettungsdienstes für Menschen in Seenot. Die DGzRS wird den Such- und Rettungsdienst weiterhin als privatrechtlicher und gemeinnütziger Verein unabhängig, freiwillig und mit eigenen Mitteln durchführen.*

*II. Für die Leitung des Such- und Rettungsdienstes betreibt die DGzRS die Rettungsleitstelle SEENOTLEITUNG BREMEN (Rescue Coordination Centre = RCC BREMEN). Die DGzRS koordiniert im Seenotfall die Such- und Rettungsmaßnahmen."*

Damit nimmt die DGzRS im internationalen Vergleich eine besondere Stellung ein: Sie ist die einzige private Seenotrettungs-Organisation, die ihre eigenen Rettungsmittel auch eigenständig einsetzt und für Such- und Rettungsmaßnahmen im Seenotfall selbst verantwortlich zeichnet.

Die Nahtstelle zwischen dem Auftrag und der Durchführung des SAR-Dienstes ist die Inspektion innerhalb der DGzRS-Hauptverwaltung in Bremen. Sie ist zuständig für den gesamten nautisch-technischen Bereich, somit für die Rettungsflotte, die Besatzungen, die SEENOTLEITUNG BREMEN und die betriebseigene Reparaturhalle.

*Auf Kontrollfahrt in der Ostsee…*

*… Alltag und Routine für die "Berlin"-Besatzung*

*Modernste Technik im Dienst der Seenotrettung…*

*... die "Minden" auf dem Weg zum Einsatzort*

# DER SEENOT-KREUZER

## Ein Meisterwerk des modernen Spezialschiffbaus

Technik kann den Menschen nicht ersetzen – das ist richtig und gilt auch in unserer heutigen Zeit. Aber mit der Entwicklung vom Ruderboot über das Motorrettungsboot zum Seenotkreuzer ist sie immer wichtiger geworden, ein unerläßlicher und wesentlicher Bestandteil für einen leistungsstarken Seenotrettungsdienst.

Die Rettungsflotte der Deutschen Gesellschaft zur Rettung Schiffbrüchiger ist eine der modernsten auf der ganzen Welt. Zur Erfüllung ihrer Aufgaben verfügt die DGzRS derzeit über 15 Seenotkreuzer und 21 Seenotrettungsboote. Die Gesellschaft unterscheidet hierbei zwischen Fahrzeugen mit Tochterbooten, die von festangestellten Rettungsmännern gefahren werden und zum Teil für einen längeren Aufenthalt auf Seeposition ausgerüstet sind, und den kleineren Einheiten, den Seenotrettungsbooten, die, hauptsächlich mit Freiwilligen besetzt, vor allem im küstennahen Bereich und für den Wassersport zum Einsatz kommen.

Mit ihren 36 Einheiten auf 34 Stationen in der Deutschen Bucht und der westlichen Ostsee hat die DGzRS in ihrem Zuständigkeitsbereich ein dichtes Netz von Rettungsstationen geschaffen, so daß bei zukünftigen Investitionen die Modernisierung der Rettungsflotte im Vordergrund stehen wird.

Mit der Taufe des Seenotkreuzers "Berlin" und seines Tochterbootes "Steppke" am 29. Mai 1985 – in Anwesenheit des Schirmherrn der DGzRS, Bundespräsident Dr. Richard von Weizsäcker – wurde der bislang modernste Seenotkreuzer-Typ der DGzRS in Dienst gestellt. Erstmals war es den Konstrukteuren und Schiffbauern gelungen, auf rund 27 Metern all die Einsatztechnik unterzubringen, die ca. ein Jahrzehnt zuvor zum Bau der größten Einheit, der 44-m-Klasse, geführt hatte. Am Beispiel des 27,5-m-Seenotkreuzers vom Typ "Berlin" mag deutlich werden, wieviel Technik heute in einer SAR-Einheit steckt:

Länge 27,50 m – Breite 6,53 m – Tiefgang 1,65 m – Verdrängung 100 Tonnen. Die drei Festpropeller, angetrieben von einer 1.632 PS (1.200 kW) starken Mittelmaschine sowie zwei jeweils 781 PS (574 kW) starken Seitenmotoren, geben dem Boot eine Geschwindigkeit von 24 Knoten. Beim vollen Einsatz aller Maschinen hat der Kreuzer eine Reichweite von 770 Seemeilen, bei 12 Knoten Geschwindigkeit sogar von 2.770 Seemeilen. Die Einheiten dieser Klasse können bis zu 145 Schiffbrüchige unter Deck aufnehmen.

Werfen wir einen Blick auf die Rettungsausrüstung: Hierzu gehören Kletternetz, Sprungnetz, Lecksegel, Fremdlenzanlage mit einer Kapazität von 120 m³/h, 38 m³/h E-Pumpen mit 120 m Kabel, Vakuumtransport- und Bergungstrage, Schleppgeschirr, Suchscheinwerferanlage, Atemluftkompressor sowie Warngeräte, die mobil einsetzbar sind und die Rettungsmänner vor explosiven Gasen und Sauerstoffmangel schützen. Für eine optimale Manövrierfähigkeit ist ein Bugstrahlruder eingebaut.

Die Erfahrungen haben gezeigt, daß Rettungseinsätze häufig mit Brandbekämpfung im Zusammenhang stehen. Aus diesem Grund legt die DGzRS großen Wert auf leistungsstarke Feuerlöschanlagen. Die "Berlin"-Klasse verfügt über eine Feuerlöschpumpe mit einer Ausstoßkapazität von 2.000 m³/h. Dies entspricht einer Leistung von rund 35.000 Litern Löschwasser pro Minute. Die zwei festinstallierten Monitoren (mit Fernbedienung) werden ergänzt durch zwei transportable Geräte. 500 Liter Schaummittel werden an Bord vorgehalten. Und auch die Sicherheit für die Besatzungen selbst kommt nicht zu kurz: ihnen stehen eine zentrale Atemluftversorgung, Atemschutzgeräte (300 bar) bei starker Rauchentwicklung und Hitzeschutzanzüge, in denen sie regelrecht Astronauten gleichen, zur Verfügung.

*Zur Standardausrüstung des Seenotkreuzers zählt das Tochterboot*

## "Einsatzfahrten sind für die Rettungsmänner immer harte Arbeit."

53 Grad 52 Minuten und 41 Sekunden Nord und 8 Grad 42 Minuten 02 Sekunden Ost - das ist im Cuxhavener Fährhafen die Position, auf der der modernste deutsche Seenotrettungskreuzer Tag für Tag, rund um die Uhr in Bereitschaft liegt, um bei Notfällen auf See schnelle Hilfe bringen zu können. Die "Hermann Helms" tat das in dem einen Jahr seit der Indienststellung im Herbst 1985 bereits 100mal. Doch nicht jeder Tag bringt Einsätze und nicht jeder Einsatz ist dramatisch. Der Alltag an Bord ist vielmehr geprägt von Routine, Instandhaltung des Schiffes und Weiterbildung der Rettungsmänner, die ihren Dienst unter der "Flagge der

Menschlichkeit" versehen, der Flagge der deutschen Seenotretter.
Um 7 Uhr stehen bereits je ein großer Topf mit Kaffee und Tee auf der Back. Frühstückszeit. Nur an Feiertagen und bei extrem schlechtem Wetter wird sie mit Backschaft und Aufklaren bis

9 Uhr ausgedehnt. Normalerweise kümmern sich die Männer an Bord ab 8 Uhr um ihr Schiff. Unterhaltungsarbeiten fallen immer an.
Vier Männer sind ständig an Bord, die anderen vier haben Freiwache. Im Wechsel von jeweils 14 Tagen lösen sie sich an Bord ab. Wir sahen Vormann Claus Wolter und seiner Crew mit Claus Busse, Karl Heimbockel und Klaus John über die Schulter.
Wolter ist als Vormann für den hochmodernen und technisch ausgeklügelten Rettungskreuzer verantwortlich. Jörg Bünting ist sein Vertreter und Vormann der zweiten Besatzung. Wichtigste Aufgabe der Männer an Bord ist es, Schiff und Besatzung ständig einsatzbereit zu halten. Die Rettung von Menschen aus Seenot und anderer Gefahr hat bei allen Einsätzen von Schiffen der Deutschen Gesellschaft zur Rettung Schiffbrüchiger (DGzRS) absoluten Vorrang. Erst wenn die Menschen in Sicherheit und, wenn nötig, so schnell wie möglich in ärztliche Behandlung gebracht worden sind, nehmen sich die Rettungsmänner die Zeit, sich um

Schiffe und Sachwerte zu kümmern. Bei der Betreuung von Kranken und Verletzten sind die Rettungsmänner in aller Regel auf sich allein gestellt, denn nur in den seltensten Fällen ist ein Arzt an Bord. Daher müssen sie sich ständig mit der umfangreichen medizinischen Ausrüstung an Bord beschäftigen. Nur so kann im Ernstfall wirkungsvoll geholfen werden. Große Unterstützung erfahren die Männer auf der "Hermann Helms", ebenso wie die DGzRS insgesamt, vom Cuxhavener Stadtkrankenhaus. Die enge Verbindung des Cuxhavener Kreuzers zu dieser Einrichtung führt unter anderem dazu, daß viele neue Geräte zunächst auf diesem Schiff erprobt werden, bevor sie auf allen Kreuzern installiert werden - oder auch nicht. Die enge Zusammenarbeit hat jedoch noch einen weiteren positiven Aspekt für Claus Wolter und seine Männer: Wenn zu erkennen ist, daß auf See ein Arzt benötigt wird, kann er innerhalb von Minuten an Bord gerufen werden.
Doch "Hermann Helms" ist nicht nur für Menschenrettung und die Versorgung von Patienten ausgelegt, sondern verfügt auch über eine umfangreiche Ausrüstung zur technischen Hilfeleistung. Hier ergibt sich der zweite Schwerpunkt der Routinearbeiten an Bord: Von den umfangreichen Feuerlöscheinrichtungen bis hin zu Lenzpumpen und schweren Atemschutzgeräten muß die technische Ausrüstung ständig gewartet, erprobt, notfalls repariert und funktionsbereit gehalten werden. Schließlich nützt der beste Rettungskreuzer nichts, wenn im Ernstfall die Ausrüstung nicht klar ist.
Bei alldem wird natürlich das leibliche Wohl der Besatzung nicht vergessen, denn "pünktlich um 12 Uhr ist Mittag". Wehe dem Smut, der

dann das Essen nicht auf der Back hat. Der Küchendienst ist in beiden Besatzungen festgelegt, hier ist Platz für Hobbyköche. Beim Aufklaren packen alle mit an, dabei zeigt sich der ausgeprägte Gemeinschaftssinn, der notwendig ist, wenn vier Männer auf so engem Raum 14 Tage lang miteinander auskommen müssen, ohne sich aus dem Weg gehen zu können. Das Kochen aber ist einzig und allein Aufgabe des Smuts. Der erleichtert sich das häufig, indem er gleich für zwei Tage kocht. Dann muß beim zweiten Mal nur noch aufgewärmt werden und keiner weiß ja, was der nächste Tag vielleicht bringen kann.

"Nach dem Essen herrscht Ruhe im Schiff", berichtet der Vormann. Doch allzu viel Zeit zum Ausruhen bleibt den Männern nicht. Auf sie warten Tag für Tag noch mehr Aufgaben. Dazu gehören Arbeiten am Schiff. Leinen, Fender, Winschen, Beiboot, Maschinen und nautische Anlagen des Rettungskreuzers müssen in Schuß gehalten werden. Und wie das bei einer Anhäufung von komplizierter Technik überall ist, so auch auf der "Hermann Helms": Es geht immer wieder einmal ein Teil kaputt. So wie die Technik den Rettungsmännern ihre harten Einsätze zweifellos erleichtert, ist sie auch komplizierter geworden.

Zur Unterhaltung des Schiffes gehört auch der Griff zu Pinsel und Farbe, um den Anstrich auszubessern, zum Feuerlöschschlauch, um Schmutz und Salzkruste abzuspülen, und zu Staubsauger und Staubtuch, um das Schiff innen sauber zu halten.

Modernste Elektronik im Steuerstand ist den Vorleuten bei Suchfahrten, Einsätzen im dichtesten Nebel oder Eisgang eine unersetzliche Hilfe. Auf wenige Meter genau können im Was-

ser treibende Personen oder Gegenstände geortet werden. Dank einer Fülle von Funkgeräten kann jederzeit Kontakt mit allen Schiffen, Hubschraubern und Flugzeugen sowie der Zentrale der DGzRS in Bremen aufgenommen werden. Das dortige "Rescue Co-ordination Centre" (RCC) hat ständig alle Schiffe der Rettungsflotte an Nord- und Ostsee "an der langen Leine". Zweimal täglich werden sie abgefragt. Dabei werden nicht nur die Funkgeräte überprüft, Stations- und Zustandsmeldungen durchgegeben, sondern auch Wettermeldungen. Sie gehen an den Deutschen Wetterdienst weiter, der die Seenotretter im Gegenzug mit ständig aktualisierten Wettermeldungen versorgt.

Einsätze, das wird angesichts des mit Routine ausgefüllten Tagesablaufs auf der "Hermann Helms" deutlich, sind auch für die Rettungsmänner immer etwas Besonderes, denn keiner gleicht dem anderen. Ob aber ein Patient von seinem Schiff an Land gebracht, ein abgetriebener Surfer aus der Elbmündung gefischt, vom Wasser eingeschlossene Wattwanderer gesucht oder Besatzungen von ihrem sinkenden Schiff geborgen werden - die Seenotretter sind jederzeit für alle Einsätze gerüstet. Seitdem "Hermann Helms" vor einem Jahr in Dienst gestellt wurde, fuhr allein dieses Schiff bereits rund 100 Einsätze.

*Von "7 bis 7" war der Cuxhavener Journalist Rainer Heinsohn an Bord des Seenotkreuzers "Hermann Helms", um an der Seite der Rettungsmänner deren Arbeitstag hautnah mitzuerleben. Seine Eindrücke faßte er 1986 in der vorliegenden Reportage für die "Cuxhavener Nachrichten" zusammen.*

Der Seenotkreuzer als schwimmendes Hospital – auch hierfür sind an Bord die erforderlichen medizinischen Einrichtungen vorhanden. Kernstück ist eine EKG-Telemetrie-Anlage, die es ermöglicht, Daten von Patienten per Seefunk direkt an das Krankenhaus in Cuxhaven zu übermitteln, was übrigens für alle Seenotkreuzer der DGzRS auf Nord- und Ostsee gilt. Am anderen Ende der "Leitung" sitzt ein Arzt, der die Daten auswertet und entsprechende Maßnahmen zur Behandlung an Bord veranlaßt, wobei er den Ausbildungsgrad der Crew und die Ausrüstung der Boote genauestens kennt. Notfalls entscheidet sich der Arzt, mit Hilfe eines Hubschraubers dem Seenotkreuzer selbst entgegenzufliegen und erkrankte Personen zu versorgen.

Darüber hinaus umfaßt die medizinische Ausstattung fünf Koffer, geordnet nach den Bereichen Notfall, Medikamente, Instrumente, Verbrennung und Verbandsmaterial, dazu eine Absauge- und Beatmungsanlage, eine Krankentrage und – last not least – Bekleidung für Gerettete. Mitunter hat sogar schon ein neuer Erdenbürger, dem die Überfahrt zum Festland bei dichtem Nebel zu lang erschien, das Licht der Welt im Bordhospital eines Seenotkreuzers erblickt.

Wenn Augenblicke über den Erfolg einer Such- und Rettungsaktion entscheiden, dann ist es wichtig, sich auf Funk-, Navigations- und Ortungstechnik verlassen zu können. Bleiben wir bei unserem Beispiel: Der Seenotkreuzer "Berlin" ist ausgestattet mit UKW-Seefunk, UHF-Flugfunk, Radar mit Monitoranzeige, Videoplotteranlage, Peil- und Hominganlagen für alle See- und Flugfunkfrequenzen, Decca-Navigator, Kreiselkompass, Selbststeueranlage, Echolot und Fahrtmessanlage. Alle Systeme sind vom unteren und oberen Fahrstand aus parallel bedienbar.

Charakteristisch für die Seenotkreuzer der DGzRS sind die Tochterboote, die in der Heckwanne mitgeführt werden. So ist beispielsweise das Tochterboot "Steppke" des Seenotkreuzers "Berlin" ein wahres Kraftpaket. 7,50 m lang, 2,50 m breit, mit einer Verdrängung von 3,5 Tonnen, erreicht das Boot über einen 165-PS-Antrieb 17 Knoten. Das Tochterboot ist selbstlenzend und selbstaufrichtend konzipiert und somit uneingeschränkt seetüchtig, nicht zuletzt, um im Ernstfall als eigenständige Rettungseinheit zu operieren. Über eine hydraulisch zu betätigende Heckklappe kann es selbst während der Fahrt zu Wasser gelassen und wieder aufgenommen werden. Zur Standardausrüstung der kleinen, wendigen Boote zählen Radar, UKW-Seefunk, Echolot und Schleppvorrichtung. Mit seinem Tiefgang von nur 0,75 Metern kann "Steppke" auch noch in den flachen Gewässern der Wattengebiete zum Einsatz kommen. Die in die Bordwand eingelassene Bergungspforte erleichtert es den Rettungsmännern, Schiffbrüchige – fast

*Seenotretter kennen keine Saison…*

aus Höhe der Wasserlinie – in die offene Plicht des Bootes zu ziehen.

Alle Seenotkreuzer und Seenotrettungsboote der DGzRS – Meisterwerke der Technik – werden heutzutage aus seewasserbeständigem Aluminium gebaut. Der Vorteil liegt auf der Hand: Aluminium ist relativ leicht und ermöglicht dadurch bei gleicher Motorleistung höhere Geschwindigkeiten – ohne jegliche Konzession an die Festigkeit der Boote oder die Sicherheit an Bord. Selbst in harten Wintern mit strengem Frost und starker Eisbildung haben sich die DGzRS-Einheiten hervorragend bewährt. Sicher, es ist technisch durchaus machbar, schnellere Boote zu bauen. Aber die Fahrzeuge der DGzRS sind so konstruiert, daß sie selbst unter widrigsten Bedingungen uneingeschränkt einsatzbereit und seetüchtig bleiben – auch und nicht zuletzt gerade dann, wenn andere Schiffe den schützenden Hafen anlaufen müssen.

Wenn von der Technik gesprochen wird, dann dürfen die Einrichtungen an Land nicht vergessen werden. Dazu gehören zum Beispiel die Rettungsstationen mit entsprechenden Gebäuden, Material- und Ersatzteillagern. Ferner stehen zahlreiche SAR-Wachen in Verbindung mit den Booten und der SEENOTLEITUNG BREMEN.

*… bei jedem Wetter, rund um die Uhr sind sie einsatzbereit*

*In der* SEENOTLEITUNG BREMEN *laufen alle Fäden zusammen…*

*… Kommunikation ist das Schlüsselwort im Seenotrettungsdienst*

# SEENOT-LEITUNG BREMEN

## Die Schaltzentrale im Rettungsdienst

Schauplatz Deutsche Bucht. Nach dem Untergang eines Fischkutters werden zwei Seeleute vermißt. Ungenaue Angaben über den Unfallort erschweren die Suche. Hoffentlich ist es den Fischersleuten noch gelungen, in die Rettungsinsel zu gelangen. Wo soll gesucht werden? Wie soll gesucht werden? Wer soll sich an der Suche beteiligen?

Die SEENOTLEITUNG BREMEN der DGzRS – im internationalen Sprachgebrauch kurz RCC BRE-MEN für "Rescue Co-ordination Centre" – ist der nationale Ansprechpartner rund um die Uhr. Jetzt haben die zwei diensthabenden Wachleiter alle Hände voll zu tun, um die richtigen Maßnahmen zur rechten Zeit in die Wege zu leiten. Als erstes werden zwei Seenotkreuzer in das in Frage kommende Gebiet beordert. Über die Standleitung zu den Kollegen vom RCC Glücksburg der Bundesmarine wird zusätzlich der Helgoländer Hubschrauber eingesetzt. Parallel dazu geht eine Dringlichkeitsmeldung über die Küstenfunkstelle an die gesamte Schiffahrt, die sich in dem angenommenen Revier aufhält. Während draußen auf See alle beteiligten Fahrzeuge ihren Kurs auf den Unglücksort nehmen, gilt es für die Wachleiter in der Zentrale in Bremen, das Suchgebiet einzugrenzen. In einen Computer werden alle bekannten Daten wie letzte Position des Havaristen, Uhrzeit, Windrichtung und -stärke, Seegang, Gezeitenströmung etc. eingegeben. Innerhalb weniger Minuten berechnet der Computer unter Be-

## "... Überreste der 'Falke III' in 20 Metern Tiefe gefunden..."

Am Donnerstag, dem 6. Oktober 1988, meldet sich gegen 13 Uhr der Fischkutter "Falke III", Fischereizeichen KAP 4, Heimathafen Kappeln an der Schlei, bei der Küstenfunkstelle Rügen Radio und bittet um Erlaubnis, die Territorialgewässer der DDR in diesem Bereich durchlaufen zu dürfen. Dem Gesuch wird stattgegeben. Danach hört man von der "Falke III" nichts mehr. Sie wird auch Tage danach nicht gesichtet. "Falke III" mit dem Fischer Richard T. (56) und dem Decksmann Norbert L. (22) ist verschwunden. Am Montagvormittag informieren Bekannte der Familie des vermißten Fischers von dem überfälligen Kutter die Seenotleitung (RCC) Bremen. Eine internationale Suchaktion, an der Rettungseinheiten aus Schweden, Polen, Dänemark, der DDR, des Marinefliegergeschwaders (MFG) 5 der Bundesmarine und der Deutschen Gesellschaft zur Rettung Schiffbrüchiger beteiligt sind, läuft an. In beispielhafter Weise praktizieren alle Beteiligten eine reibungslose Zusammenarbeit auf internationaler Ebene, initiert und koordiniert von der Seenotleitung (RCC) Bremen. Gemeinsames Ziel: Es gilt, Menschenleben zu retten.

Die Seenotleitung (RCC) Bremen übernimmt alle Maßnahmen, die in einem Seenotfall in diesem Stadium wichtig werden, also die Einleitung, Koordinierung und Dokumentation. Aufgrund der vorliegenden Informationen kann ein Suchgebiet zunächst nur sehr weitflächig angelegt werden. Der zuvor mit Hilfe der RCCs Aarhus (Dänemark) und Rostock (DDR) durchgeführte "Hafencheck", also die Überprüfung von ca. 20 Häfen, die der Kutter unter Umständen angelaufen haben könnte, verläuft ohne positives Ergebnis. Über Kiel Radio - mit der Bitte um Weitergabe an die dänische Küstenfunkstelle Lyngby Radio - wird eine Dringlichkeitsmeldung (Pan-Meldung) ausgestrahlt.

Im SAR-Bereich "westliche Ostsee" laufen die Seenotkreuzer "G. Kuchenbecker"/Station Maasholm, "Berlin"/ Station Laboe und "John T. Essberger"/Seeposition auf vorgegebenen Suchkursen.
Eine DO 28 – normalerweise zur Ölaufklärung vom Marinefliegergeschwader 5 der Bundesmarine eingesetzt und jetzt für die Suchaktion bereitgestellt – führt eine sogenannte "trackline search" zwischen Maasholm und dem östlichsten Punkt des SAR-Bereiches "westliche Ostsee" durch. Ergebnis: negativ.
RCC Aarhus schickt ein Marinefahrzeug vom dänischen Gedser Richtung Bornholm, wo die "Falke III" von einem Fischerkollegen zuletzt gesichtet worden war.

Mit dem Sonnenuntergang am Montagabend wird die Suche zunächst unterbrochen. Für den folgenden Tag wird von der Seenotleitung (RCC) Bremen eine große Suchaktion mit erweiterter internationaler Beteiligung geplant und vereinbart.
Eingesetzt sind in den jeweiligen SAR-Bereichen (Kieler Bucht, Mecklenburger Bucht, südliche Ostsee zwischen Rügen, der schwedischen sowie der dänischen Küste und Bornholm, dem Seegebiet nördlich und östlich der Odermündung) drei Einheiten des Seenotrettungsdienstes der DDR und ein Hubschrauber; drei dänische Einheiten, zwei Seenotkreuzer und ein Flugzeug von polnischer Seite, zwei schwedische Flugzeuge, ein SAR-Hubschrauber des MFG 5 sowie die drei DGzRS-Seenotkreuzer "G. Kuchenbecker", "Berlin" und "John T. Essberger". Dringlichkeitsmeldungen werden laufend ausgestrahlt über die Küstenfunkstellen Kiel Radio, Flensburg und Lübeck Radio, Lyngby Radio und Rügen Radio.

Von dem vermißten Fischkutter "Falke III" wird bis zum Einbruch der Dunkelheit auch an diesem Tage nicht eine Spur gefunden. Am folgenden Tag, dem 12. Oktober 1988, meldet RCC Aarhus, daß am Strand der dänischen Insel Lolland, südlich der Ortschaft Kappel, eine Rettungsinsel an den Strand geschwemmt worden sei. Sie gehört zur "Falke III". Angehörige identifizieren in den folgenden Tagen zudem Wrackteile des vermißten Fischkutters am Strand von Lolland.

Rund drei Wochen später bestätigte eine Meldung des Vermessungs- und Wrack-Suchschiffes "Wega" des Deutschen Hydrographischen Instituts, daß die Überreste der "Falke III" vor Lolland in 20 m Tiefe gefunden wurden. Aus dem zertrümmerten Ruderhaus konnte die Leiche des Eigners geborgen werden.

Bei aller Tragik, die in diesem Seenotfall liegt – zwei Fischer blieben auf See –, zeigt sich, daß jeder noch so hohe Aufwand vertretbar sein muß, wenn es um Menschenleben geht. Es zeigte sich außerdem, daß es bei dieser Aufgabe auf See keine Grenzen gibt. Die internationale Zusammenarbeit im Seenotfall ist nicht nur auf dem Papier festgeschrieben. Sie hat einmal mehr funktioniert.

rücksichtigung aller verschiedenen Driften den möglichen derzeitigen Standort eines Rettungsfloßes. Diese Position wird zum Suchgebiets-Mittelpunkt erklärt, um den das eigentliche Suchgebiet abgesteckt wird. Nun sind die Wachleiter im RCC Bremen in der Lage, ihren Seenotkreuzern, aber auch dem Hubschrauber und den beteiligten Handelsschiffen einen genaueren Suchkurs zuzuweisen. Nur die sinnvolle Koordinierung aller Bewegungen auf und über See vergrößert die Chancen, die Vermißten schnell aufzufinden. In der Seenotleitung Bremen laufen alle Fäden zusammen – und die Drähte heiß. Schließlich meldet der Helikopter die Entdeckung der Rettungsinsel. Kurze Zeit später werden die Schiffbrüchigen – zwar unterkühlt und durchnäßt, aber sichtlich erleichtert – von den Seenotrettern aufgefischt.

I nsgesamt sind in der Seenotleitung Bremen elf Wachleiter im Schichtdienst tätig. Die Seenotleitung erfüllt eine Doppelfunktion: Zum einen ist sie Betriebszentrale für die eigenen SAR-Einsatzmittel der DGzRS (Seenotkreuzer und -rettungsboote, Seenotwachen und -funkstellen), zum anderen nationale SAR-Koordinierungszentrale. Neben der Einleitung und Koordinierung von Such- und Rettungsmaßnahmen zählen zu ihren Aufgaben u.a.: Die Erfassung aller Einsatz- und Kontrollfahrten der Rettungsflotte, die Entscheidung über Stationierung und Verlegung von Booten,

der Austausch von Betriebsinformationen, die Ansprache der DGzRS-Stationen sowie der Austausch von Wetterdaten als Vermittler zwischen Seenotkreuzer und Seewetteramt. Ihre Aufgabe als nationale Institution erfüllt die Seenotleitung Bremen zudem durch die Koordinierung aller an einem Seenotfall beteiligten Einheiten, die Zusammenarbeit mit der SAR-Leitstelle Glücksburg, die Aufnahme und Auswertung sämtlicher einen Seenotfall betreffenden Informationen sowie durch den Informationsaustausch mit Reedereien, Schiffssicherheitsorganen und entsprechenden Dienststellen. Letzteres ist besonders wichtig bei Seenotfällen mit deutscher Beteiligung außerhalb des eigentlichen Zuständigkeitsbereiches der DGzRS-Rettungsflotte, bei denen die Seenotleitung Bremen initiierend oder unterstützend an Such- und Rettungsmaßnahmen beteiligt ist. Immer wieder kann durch die Vermittlung von Bremen aus Seeleuten oder Schiffen auf allen Weltmeeren entscheidend geholfen werden.
Eine wesentliche Ergänzung der vorhandenen Kommunikations-

wege wurde 1988 mit der Inbetriebnahme des UKW-Relais-Funksystems SARCOM (Search and Rescue Communication) geschaffen. Alarmierung, Nachrichtenübermittlung und -austausch sind seitdem auf zwei betriebseigenen UKW-Kanälen im Seefunkbereich möglich. Zwölf Funkstationen (acht in der Nordsee/Deutsche Bucht und vier in der westlichen Ostsee) sind an exponierten Standorten eingerichtet worden. Sie decken das Einsatzgebiet der DGzRS lückenlos ab. Das neue System hat sich vor allem in zweierlei Hinsicht bewährt: Zum einen konnte unabhängig von äußeren Umständen die Verständigungsqualität zwischen der Seenotleitung Bremen und den Seenotkreuzern deutlich verbessert werden, zum anderen kann eine direkte Alarmierung der Freiwilligen-Besatzungen der Seenotrettungsboote über tragbare Kleinempfänger erfolgen.

A uch für die Seenotleitung gilt: Technik allein kann nichts bewirken, wichtig ist der Mensch, der es versteht, die technischen Möglichkeiten zu beherrschen und effektiv einzusetzen. Die Wachleiter in der Einsatzzentrale sind entsprechend ausgebildet. Ihre verantwortungsvolle Tätigkeit setzt eine hohe Qualifikation und umfassende Erfahrungen voraus. Auch sie sind ausnahmslos "gestandene Seeleute" und mit soliden nautischen und funktechnischen Kenntnissen ausgestattet.

# AUF DEM PRÜFSTAND IN DER "HALLE"

"So, alles okay. Dann gute Fahrt und bis zum nächsten Mal!" Mit diesen Worten wird die "Eiswette" nach einem letzten, sorgfältigen Check von den Männern des DGzRS-eigenen Reparaturbetriebs wieder auf Station entlassen. Rund fünf Wochen war der Seenotkreuzer zur allgemeinen Wartung in Bremen in der "Halle", um "auf Herz und Nieren" überprüft zu werden. Und die Rettungsmänner wissen, sie können sich auf ihre Kollegen an Land hundertprozentig verlassen. Im Durchschnitt alle eineinhalb Jahre kommt jede der DGzRS-Einheiten zur Überholung hierher. Dann stehen aber auch umfangreiche Reparaturarbeiten sowie sorgfältige Checks wie in der Luftfahrt auf dem Programm. Überhaupt: Die Flotte der DGzRS kann sich jederzeit "sehen lassen", dank der ständigen sorgfältigen Pflege der Boote durch deren Besatzungen und das eigene Personal an Land. Werterhaltung wird ganz groß geschrieben, und jeder Rettungsmann ist stolz, wenn ein Außenstehender nach einem Blick in den Maschinenraum anerkennend meint, hier könne man tatsächlich vom Boden essen.

Die zwölf Kollegen in der "Halle" verstehen ihr Handwerk. Als gelernte Schiffbauer, Schlosser, Tischler, Maler etc. bringen sie die richtigen Voraussetzungen für die Arbeit mit. Sämtliche Einheiten bis zur 27,5-m-Klasse werden hier regelmäßig einer "großen Inspektion" unterzogen. Die Zusammenarbeit zwischen den Rettungsmännern und der "Halle" ist Vertrauenssache, denn die Boote müssen nach ihrem Aufenthalt in Bremen wieder in den harten Seenotrettungsdienst zurückkehren.

Und da niemand einen Seenotkreuzer so gut kennt wie die Rettungsmänner selbst, gehen diese ihren ganz normalen Dienst auch während der Werftliegezeit. Allerdings wohnen sie dann nicht an Bord, sondern in den dafür vorgesehenen Unterkünften. Die Rettungsmänner legen kräftig mit Hand an, um "ihr" Boot so schnell wie möglich wieder zu Wasser lassen zu können; denn nichts macht sie "kribbeliger", als wenn ihr Boot – notgedrungen – fernab ihrer Station vorübergehend "auf dem Trockenen" liegt. Auch wenn sie wissen, daß in der Zwischenzeit ihre Aufgaben von der Nachbarstation mit wahrgenommen werden.

"Also, tschüß dann. Vielen Dank und bis zum nächsten Mal!" Ein kurzer Händedruck, dann geht es wieder, "unter den Brücken 'durch", seewärts. Für die Kollegen in der "Halle" bleibt nur wenig Zeit, um aufzuräumen; denn morgen mittag, mit dem Niedrigwasser, kommt "die Kuchenbecker" die Weser herauf, um einige Stunden später bei Hochwasser aufzuslippen.

*Das Gelände der DGzRS mit Reparaturhalle…*

*...und dem Gebäude der Hauptverwaltung in Bremen*

*Unterer Fahrstand der "Theodor Heuss": Kartentisch und Funkanlage*

# Seenot-rettung Kennt Keine Grenzen

Seenotrettung kennt keine Grenzen. Das gilt – zum Wohl all derer, die auf See in Not geraten und auf Hilfe hoffen – sowohl für die "Praktiker" auf See als auch für die Mitarbeiter an Land. Kooperation ist ein Schlüsselwort im modernen Seenotrettungswesen. Diese Zusammenarbeit erfolgt auf nationaler wie auch auf internationaler Ebene unbürokratisch und uneigennützig. Entscheidend ist nicht, *wer* im Seenotfall zuerst zur Stelle ist, sondern *daß* möglichst schnell und wirkungsvoll geholfen werden kann. Deshalb sind kurze, direkte Alarmwege zur Seenotleitung Bremen so wichtig.

Im Bereich der Bundesrepublik Deutschland arbeitet die DGzRS eng zusammen mit den Küstenfunkstellen der Bundespost sowie mit den für Suche und Rettung zuständigen militärischen Stellen. Wann immer erforderlich, kann die DGzRS sich auf die Unterstützung der Bundesmarine durch Bereitstellung von Hubschraubern und Flugzeugen im Rahmen von Such- und Rettungsmaßnahmen im Seenotfall verlassen. Im Gegenzug steht die DGzRS mit ihren Einheiten bei einem Luftnotfall über See zur Verfügung. Die Seenotleitung Bremen ist mit ihrem Pendant bei der Marine, dem RCC Glücksburg, über eine Standleitung verbunden. Des weiteren steht die DGzRS in enger Verbindung zu Behörden, Ämtern und Verwaltungen, die sich auf dem zivilen Sektor mit der

Schiffahrt befassen. Dazu zählt auch das große Verständnis auf seiten der "Dienstherren", wenn freiwillige Rettungsmänner von ihrem Arbeitsplatz weg in den Einsatz abgerufen werden.

Aktiver Bestandteil des Rettungsdienstes sind darüber hinaus zahlreiche Ärzte, die den Rettungsmännern nicht nur mit wertvollem Rat, sondern auch mit Tat zur Seite stehen; nämlich immer dann, wenn der Seenotarzt zur medizinischen Betreuung von Schiffbrüchigen an Bord dringend benötigt wird. Und wenn ein Seenotkreuzer mit einem Schwerverletzten am Kai festmacht, steht schon der Rettungs-Transportwagen der "Kollegen an Land" zur Weiterfahrt zur Stelle.

## Weltweit Ansprechpartner für die gesamte deutsche Schiffahrt: RCC BREMEN

Die Aktivitäten der SEENOTLEITUNG RCC BREMEN zwischen dem 1.1.88 und dem 31.12.88 außerhalb des eigenen SAR-Bereiches im Interesse der deutschen Schiffahrt sind im folgenden Auszug zusammengefaßt:

### 7.1.
Unterstützen RCC Yarmouth informativ im Seenotfall "Basto"/V2CC. Das 400-BRT-Kümo meldete über Norddeich Radio schwere Schlagseite vor der Humbermündung und bat um Abbergung der sechsköpfigen Besatzung. – In Zusammenarbeit mit dem Befrachtungsmakler sowie der WSP Brunsbüttel ermitteln wir Anzahl der Besatzungsmitglieder, Schiffstyp und Art der Ladung. Das Schiff sinkt zwischenzeitlich in der Humbermündung; die Besatzung wird per Hubschrauber sicher abgeborgen.

### 24.2.
Versuchen die Abbergung von zwei nach einem Unfall schwer verletzten Seeleuten vom Schlepper "Fairplay 9"/DGFF, ca. 100 sm nördlich Madagaskar, zu veranlassen. Kontakte über die deutsche Botschaft in Antananarive, über Frankreich und RCC Kapstadt bleiben zunächst ergebnislos. Die Amerikaner (RCC Ramstein) sagen einen Transport von Madagaskar nach Diego Garcia zu, da medizinische Versorgung auf Madagaskar unzureichend erscheint. Ein Verletzter stirbt. "Fairplay 9" erreicht Diego Suarez am 25.2. um 14.00 Uhr.
- Unterstützen nach mehreren Gesprächen mit der "Fairplay 9" und der deutschen Botschaft die Abbergung des zweiten verletzten Besatzungsmitgliedes durch einen Marineschlepper vor Diego Suarez sowie den Weitertransport mit einem Militärflugzeug nach Antananarive.

### 1.3.
Im nördlichen Bereich der Doggerbank geraten mehrere Fischkutter, ein norwegisches RoRo-Schiff und eine driftende Bohrinsel in Seenot. An den Aktionen beteiligen sich dänische, norwegische, englische und deutsche SAR-Mittel. Koordiniert wird die SAR-Aktion vom RCC Aarhus. Am 2.3. setzen die Dänen vier Schiffe und zwei Flugzeuge (eine "C-130" sowie eine "Breguet Atlantic" der Bundesmarine) zur Suche der vermißten Besatzungen ein. Das für die Suche benötigte Suchgebiet wird im RCC BREMEN gerechnet, geplant und an das koordinierende RCC übermittelt.

### 3.3.
Vermitteln Hubschrauberbergung des an einem Herzinfarkt erkrankten Kapitäns von Bord des dt. Fischereischiffes "Mond"/DEOL in der Position 56.54 N 14.29 W (ca. 280 sm westlich der schottischen Küste). Zum Einsatz kommen eine "Nimrod" (Flächenflugzeug) sowie ein Hubschrauber. Zusammengearbeitet wird mit dem koordinierenden RCC Stornoway sowie mit RCC Edinburgh, RCC Yarmouth und Norddeich Radio.

### 5.3.
In Position 56.30 N 06.20 E kentert das deutsche Kümo "Fallwind"/DGKH nach einem kurzen, verstümmelt aufgefangenen Notruf. Wir unterstützen RCC Aarhus und informieren den Eigner.

### 14.3.
MS "Schwaneck"/P3QU2 (dt. Reeder, 499 BRT) meldet Wassereinbruch im Kabelgatt und starke Kopflastigkeit auf 26.26 N 40.43 W. Die Ladung besteht aus 1244 t TNT und elektromagnetischen Zündern. Übermitteln fachliche Beratung des Sprengkommandos Schleswig-Holstein und der Marine in Eckernförde.

### 10.6.
Unterstützen die Reederei Fairplay bei der Suche nach dem vermißten Schlepper "Fairplay 9"/DGFF samt Anhang im Südchinesischen Meer, zuletzt gesichtet vor Kaohsiung. Veranlassen eine Suchmeldung über Norddeich Radio. – Am 14.06. meldet sich der Schlepper sicher aus Manila.

### 10.6.
Die deutsche Segelyacht "Wereva"/DOHL meldet ein treibendes Flugzeugwrack im westlichen Atlantik. Vermitteln zwischen zuständigem RCC New York, RCC Glücksburg und der Yacht.

### 8.7.
Ermitteln Eigner der bundesdeutschen Jolle "Peterle", die in das Hoheitsgebiet der DDR abgetrieben ist. Zusammenarbeit mit dem Seefahrtsamt der DDR sowie der WSP Heiligenhafen.

### 16.7.
Auf Ersuchen von RCC Yarmouth überbringen wir den Angehörigen eines Österreichers die gute Nachricht, daß sich ihr Sohn/Bruder nicht unter den Opfern der Plattform "Piper Alpha" befindet, sondern auf einer anderen Bohrinsel arbeitet.

### 30.8.
Erbitten Informationen vom RCC Gdynia über die deutsche Segelyacht "Man Tau 7", überfällig auf der Reise von Bornholm nach Heiligenhafen.

Aufnahme in den Sammelanruf von Kiel Radio. Gegen Abend meldet sich der Skipper bei seiner Familie: Es liegt kein Notfall vor.

**23.10.**

Ein Funkamateur meldet die deutsche Segelyacht "Angelos" überfällig seit dem 19. Okt. in der Biskaya. Wir informieren RCC Falmouth, RCC Etel und Red Cross of the Sea in Madrid und bitten um die Ausstrahlung einer Dringlichkeitsmeldung. Die Segelyacht ist auf dem Weg nach Marokko mit 3 Personen an Bord und meldet sich aufgrund der Ausstrahlung aus Spanien.

**12.12.**

Das deutsche Containerschiff "Anna"/ DGGM treibt in schwerem Wetter vor der holl. Küste bei Terschelling und meldet Wassereinbruch nach dem Verlust von 14 Containern. Zwei holl. Rettungsboote, ein holl. Hubschrauber und zwei Versorger machen zunächst "stand by" beim Havaristen. Ein deutscher SAR-Hubschrauber bringt von Bremerhaven eine mobile Motorlenzpumpe und zwei Feuerwehrleute an Bord. Der Wassereinbruch kommt unter Kontrolle, und die "Anna" setzt die Reise in Begleitung eines Bergungsschleppers in Richtung Elbe und weiter zur Werft nach Wewelsfleth fort.

**18.12.**

Die 15-m-Segelyacht "Pegasos"/ DJDP wird vom Vater des Skippers auf der Reise von Gibraltar nach Teneriffa als überfällig gemeldet. Informiert mit der Bitte um Unterstützung werden RCC Falmouth, RCC Lissabon, Red Cross of the Sea in Madrid und Casablanca Radio. - Die vermißte Yacht erreicht am 20.12. wohlbehalten Teneriffa.

Für die Entwicklung neuer Rettungsboote und -technik ist der kontinuierliche Dialog und Informationsaustausch mit Bauwerften und Zulieferern sowie Forschungseinrichtungen und Versuchsanstalten wichtig.

Seenotrettung kennt keine Grenzen – diese Maxime trifft natürlich vor allem für Such- und Rettungsmaßnahmen und Übungen der DGzRS-Flotte zu. In der Praxis, im rauhen Alltag der Seenotretter kommt es häufig vor, daß Such- und Rettungsmaßnahmen grenzüberschreitende Aktivitäten erforderlich machen. Auch hier bewährt sich immer wieder die gute Zusammenarbeit; Ansprechpartner für die Seenotleitung Bremen sind dann die RCCs in Ijmuiden/Niederlande, Great Yarmouth/Großbritannien, Aarhus/Dänemark und Rostock/DDR.

Die Seenotleitung Bremen steht generell in engem Kontakt mit ausländischen Einsatzzentralen. So nehmen Wachleiter der DGzRS an Weiterbildungsmaßnahmen bei ihren Kollegen in den Vereinigten Staaten teil, in letzter Zeit vornehmlich auch in Großbritannien. Sie selbst wiederum geben in Bremen ihre Kenntnisse an Experten aus aller Welt weiter, u.a. im Rahmen von SAR-Programmen, die Teil des Lehrbetriebs der World Maritime University, der Weltschiffahrtshochschule mit Sitz in Malmö, sind.

Teil dieses kollegialen Miteinanders ist nicht zuletzt die Bereitschaft der DGzRS, andere Länder beim Auf- und Ausbau ihres Seenotrettungsdienstes zu unterstützen. So wurden mehrfach Rettungsboote nach DGzRS-Plänen – und nicht selten auf deutschen Werften – nachgebaut, die beispielsweise in Finnland, Italien oder Marokko zum Einsatz kommen. 1985 wurde der ausgemusterte Seenotkreuzer "Ruhr-Stahl" an die Kollegen in Uruguay veräußert; finanziert vom Auswärtigen Amt in Bonn. 1988 erwarb die Volksrepublik China den 44-m-Seenotkreuzer "Hermann Ritter", um ihn im Südchinesischen Meer im Seenotrettungsdienst einzusetzen. Aber auch deutsche Behörden profitierten beim Bau von Wasserfahrzeugen von den Kenntnissen der DGzRS.

Alle vier Jahre trifft sich die große Familie der Seenotrettungsdienste, um jenseits ideologischer oder politischer Dogmen Gedanken auszutauschen, gemeinsame Probleme zu erörtern oder wertvolle Erkenntnisse weiterzugeben. Forum hierfür ist die Konferenz der International Lifeboat Federation, die zuletzt 1987 vom Cruz Roja del Mar in Spanien durchgeführt wurde. Gastgeber im Jahr 1991 ist die norwegische Seenotrettungsgesellschaft, die gleichzeitig ihr 100jähriges Jubiläum begehen kann. 1959 hatte übrigens die DGzRS zu dieser Konferenz nach Bremen eingeladen. Damit konnte – abgesehen von der arbeitsreichen Tagesordnung – auch die endgültige Wiedereingliederung der Gesellschaft in den Kreis der Seenotrettungsdienste nach dem Zweiten Weltkrieg eindrucksvoll dokumentiert werden.

# Nicht zu verwechseln mit Bürokratie:

# DIE VERWALTUNG DER DGzRS

**F**ormal betrachtet ist die Deutsche Gesellschaft zur Rettung Schiffbrüchiger eine privatrechtliche Vereinigung, der bereits im Jahre 1872 durch den Senat der Freien Hansestadt Bremen die Rechte einer "juristischen Person" verliehen wurden. Nach heute gültigem Recht ist dies vergleichbar mit dem Status eines "eingetragenen Vereins".

Die gesamte Arbeit der DGzRS wird seit ihrer Gründung ausschließlich von freiwilligen Zuwendungen getragen. Die beinahe einmalige Finanzierungs-form der Gesellschaft ist eine große Verpflichtung. Eine Verpflichtung, mit den ihr anvertrauten Spenden und Beiträgen außerordentlich sorgfältig umzugehen. Wenn die DGzRS in der Lage ist, rund 90 Pfennige von jeder Spendenmark dem eigentlichen Zweck, dem Seenotrettungsdienst mit all seinen Einrichtungen, zuführen zu können, dann ist das nur durch einen geringen administrativen Aufwand möglich. Die Sparsamkeit garantieren ein kleines, engagiertes Team "hinter den Kulissen" sowie ehrenamtlich tätige Gremien und Helfer. Die Verwaltung ist nicht mit Bürokratie zu verwechseln, sie ist auch kein unüberschaubarer, undurchsichtiger "Apparat" oder gar "Wasserkopf".

Legislativ-Organ der Gesellschaft ist – auf rein ehrenamtlicher Basis – der Gesellschaftsausschuß, der sich aus gewählten und berufenen Vertretern der Gesamtheit aller Mitglieder zusammensetzt und sich alle zwei Jahre an jeweils wechselnden Orten zu seiner Tagung trifft. Der vom Gesellschaftsausschuß aus dem Bezirksverein Bremen der DGzRS gewählte Vorstand, bestehend aus dem Vorsitzer sowie einem oder zwei Stellvertretern, leitet in ebenfalls ehrenamtlicher Funktion verantwortlich die DGzRS nach Maßgabe der Satzung und den Beschlüssen des Gesellschaftsausschusses. Ebenso "kostenfrei" arbeiten auf regionaler Ebene zahlreiche Bezirksvereine und Ortsvertretungen, die die Interessen des Seenotrettungswerks wahrnehmen.

Oberste hauptamtliche Ebene ist die Geschäftsleitung der DGzRS-Hauptverwaltung im Konsul-Helms-Haus in Bremen, unterteilt in drei Geschäftsbereiche: Rettungsdienst und Inspektion, Betriebs- und Finanzwirtschaft sowie Presse- und Öffentlichkeitsarbeit. Die gesamte Hauptverwaltung der DGzRS besteht somit – ohne Berücksichtigung der Mitarbeiter in der Seenotleitung und der Reparaturwerft – aus einem kleinen Kreis von nicht mehr als 20 Personen. Die effiziente Arbeit dieses kleinen Teams wird nicht zuletzt durch den schlichten, unscheinbaren Backsteinbau der Hauptverwaltung direkt am Weserufer nach außen hin dokumentiert. Besucher zeigen sich angenehm überrascht, wenn sie feststellen, daß die in unmittelbarer Nähe gelegenen Gebäude gar nicht mehr zur Hauptverwaltung gehören, sondern sich als Fachbereich Nautik der Hochschule Bremen und als Wasserwerk entpuppen. Von Bremen aus werden sämtliche Maßnahmen im Rettungsdienst, in der Personalführung und zwecks Verwaltung der Spenden sowie die Pressearbeit und Werbung zentral durchgeführt und koordiniert.

Darüber hinaus sind acht Geschäftsstellen regional für das Seenotrettungswerk tätig. Die "Filialen" haben ihren Sitz in Kiel, Hamburg, Bremen (für den Raum Weser-Ems), Hannover (für den übrigen niedersächsischen Bereich), Berlin, Köln, Frankfurt (für die Bundesländer Hessen, Rheinland-Pfalz, Saarland) sowie Stuttgart (für Bayern und Baden-Württemberg). Auch für diese Geschäftsstellen gilt die Maxime des geringsten administrativen Aufwands. Ihnen obliegt vornehmlich die Betreuung der Mitglieder und Spender in ihrem jeweiligen Einzugsbereich, aber auch die Aufgabe, neue Freunde und Förderer für das Seenotrettungswerk zu gewinnen. Sie pflegen die Kontakte vor Ort und sorgen dafür, daß die Deutsche Gesellschaft zur Rettung Schiffbrüchiger für alle interessierten Bürgerinnen und Bürger des Landes ein stets erreichbarer Ansprechpartner ist – und keine anonyme und "unnahbare" Institution.

Alljährlich legt die DGzRS ihren Mitgliedern und Spendern ihren Rechenschaftsbericht über das Spendenaufkommen und die Verwendung der Mittel vor. Die Gesellschaft wird – wie vom Gesetzgeber vorgeschrieben – alle drei Jahre vom Finanzamt auf ihre Gemeinnützigkeit hin überprüft, was letztlich dazu führt, daß für Spenden und Mitgliedsbeiträge steuerabzugsfähige Bescheinigungen ausgestellt werden können. Darüber hinaus überwachen unabhängige, vereidigte Wirtschaftsprüfer Einnahmen und Ausgaben, um nach strenger

Prüfung zu testieren, daß Buchführung, Finanzübersicht und Ergebnisbericht für das jeweilige Jahr den gesetzlichen Vorschriften und den Satzungsbestimmungen entsprechen. Ferner unterzieht sich die Gesellschaft regelmäßig einer sorgfältigen internen Revision. Somit ist auf vielfältige Weise sichergestellt, daß die der DGzRS anvertrauten Mittel satzungs- und ordnungsgemäß direkt verwendet werden bzw. zur Modernisierung des Rettungsdienstes auf See und an Land sowie zur Finanzierung von Bootsneubauten angelegt werden.

Die Tatsache, daß die DGzRS zur Erfüllung ihrer Aufgaben ohne großen Verwaltungsaufwand und ohne öffentliche Gelder auskommt, hat vor wenigen Jahren offizielle Anerkennung gefunden durch eine Auszeichnung des Bundes der Steuerzahler (Landesgeschäftsführung Schleswig-Holstein). Die DGzRS konnte den Steuerzahler-Preis 1984, einen aus Bronze gegossenen "Steuerzahler-Groschen" auf einer Metallplatte, entgegennehmen, als Dank für die ohne Steuergelder erbrachten Leistungen.

# HELFEN KANN JEDER

**S**eit 1875 gehört ein Boot zur Rettungsflotte der DGzRS, das zu einem unverzichtbaren Helfer geworden ist: das Sammelschiffchen. Es hat so manchen Sturm überstanden und dennoch sein Aussehen in all den Jahren kaum verändert. Die Anzahl der Schiffchen hat sich seither jedoch vervielfacht. Fast 25.000 Boote dieser "32-cm-Klasse" sind heute im gesamten Bundesgebiet und in Berlin im Einsatz. Auf ihren "Liegeplätzen" in gastronomischen Betrieben, Praxen, Clubheimen, Einzelhandelsgeschäften, Werkstätten, Büros, Dienststellen, Kontoren usw. sind sie Kunden, Geschäftspartnern und Besuchern ein vertrauter Anblick.

Womit ein anderes, ganz wichtiges Thema angesprochen ist: Ein moderner, leistungsfähiger Seenotrettungsdienst kostet Geld – viel Geld. Zur Erfüllung ihrer Aufgaben erhielt und erhält die DGzRS keinerlei staatlich-öffentliche Zuschüsse – mit einer kleinen Ausnahme in der Wiederaufbauphase nach dem Zweiten Weltkrieg. Für kurze Zeit mußte die DGzRS damals staatliche Gelder in Anspruch nehmen, um wenig später bereits bei ihrem damaligen Schirmherrn, Bundespräsident Professor Theodor Heuss, vorstellig zu werden und von selbst auf diese Unterstützung zu verzichten. Dieser Schritt hatte allseits große Beachtung gefunden und Erstaunen in der Öffentlichkeit ausgelöst, denn normalerweise wendet sich niemand an den Staat, um Verzicht zu üben, sondern eher, um vom Staat – und somit vom Steuerzahler – Unterstützung zu fordern.

**D**ie DGzRS hat sich zum Ziel gesetzt, auch zukünftig den Seenotrettungsdienst auf privater Basis absolut unabhängig und eigenverantwortlich durchzuführen. In der Bremer Zentrale der Gesellschaft wird nach wie vor die Meinung vertreten, daß die Rettung von Menschen aus Seenot nicht den Charakter einer aus anonymen Steueraufkommen finanzierten, behördlichen Dienstleistung haben solle, sondern vom Gemeinschaftssinn und von der persönlichen inneren Anteilnahme der Bürgerinnen und Bürger des Landes getragen werden müsse. Dieser Überzeugung haben sich nicht zuletzt die jeweiligen Bundespräsidenten angeschlossen, indem sie in ihrer Funktion als Staatsoberhaupt bereitwillig die Schirmherrschaft über das deutsche Seenotrettungswerk übernommen haben.

"Gestatten, mein Name ist Werner Helfersmann. Ich bin 66 Jahre alt und nach einem langen Berufsleben nun Rentner. Hier in Wuppertal, im schönen Bergischen Land. Aber ich fühle mich eigentlich noch zu frisch, um mich vollends auf die faule Haut zu legen. Also habe ich mich nach einer sinnvollen Tätigkeit umgesehen; und da mich schon immer alles interessiert hat, was irgendwie mit dem Wasser und der Seefahrt zu tun hat, habe ich mal bei der DGzRS angeklopft. Und wenn heute die Rettungsmänner in ihren knallig rot-weißen Overalls bei Wind und Wetter 'rausfahren, dann weiß ich, daß ich hier, fernab der Küste, ein wenig mithelfen kann. Ehrenamtlich selbstverständlich – als Sammelschiffchen-Betreuer. Ab und zu schaue ich überall dort vorbei, wo diese Schiffchen aufgestellt sind; manchmal gelingt es mir sogar, in einer Kneipe oder in einem Geschäft einen weiteren Liegeplatz für ein kleines Boot zu finden. Darüber hinaus unterstütze ich die Arbeit der DGzRS, indem ich bei Ausstellungen und dergleichen hier in der Gegend kräftig mit anpacke. Das macht Spaß, und ich komme mit vielen Leuten zusammen." Zugegeben, dieses Beispiel ist konstruiert. Aber es steht stellvertretend für unzählige freiwillige Helfer im ganzen Land, die in ihrer Freizeit selbstlos und unentgeltlich für das deutsche Seenotrettungswerk im Einsatz sind.

Helfen kann eben jeder. Zum Beispiel durch eine Mitgliedschaft im Seenotrettungswerk, die im übrigen unbürokratisch und formlos und mit keinerlei weitreichenden Verpflichtungen verbunden ist. Die Mitgliedschaft wird erworben durch eine als "Mitgliedsbeitrag" gekennzeichnete Zahlung und kann ohne Berücksichtigung von Fristen und ohne besondere Willenserklärung jederzeit durch Einstellung der Zuwendungen beendet werden. Auch erhebt die DGzRS keinen festen Mitgliedsbeitrag, sie überläßt dies der persönlichen Entscheidung und Möglichkeit eines jeden einzelnen. Auf der anderen Seite "erkauft" sich ein Mitglied aber auch keinerlei Sonderrechte, etwa in bezug auf kostenlose oder verbilligte Hilfeleistung im eigenen Seenotfall.

Geholfen werden kann aber auch durch einmalige Spenden in beliebiger Höhe, durch Sammlungen, Tombolas oder Basare bei Veranstaltungen von Vereinen, Betrieben und Schulen, durch Verzicht auf die bei Jubiläen und familiären Anlässen zu erwartenden Aufmerksamkeiten sowie auf Kranzspenden im Trauerfall zugunsten von Zuwendungen für das Rettungswerk, durch Berücksichtigung im Nachlaß, durch Aufstellen von Sammelschiffchen oder durch aktive ehrenamtliche Mitarbeit, generelle Initiative sowie durch Vermittlung der Ideale und Aufgaben eines modernen Seenotrettungsdienstes im pädagogischen Bereich.

Jahr für Jahr stellen sich Personen, Firmen, Vereine, Institutionen in den Dienst der guten Sache, mit immer wieder neuen, originellen Ideen. Dem Einfallsreichtum sind offenbar kaum Grenzen gesetzt.

Anläßlich seines "EWG"-Abschieds vom Bildschirm präsentierte Hans Joachim Kulenkampff, als begeisterter Wassersportler selbst Mitglied der DGzRS, eine Benefiz-Schallplatte zugunsten der Seenotretter. – Durch das großzügige Entgegenkommen einer Versicherung sind die Rettungsmänner prämienfrei unfallversichert. – Hochzeitspaare, Geburtstagskinder und Jubilare verzichten auf Geschenke und bitten ihre Gäste dafür um Spenden. – Marine-Kameradschaften geben den Reinerlös ihrer Winter-Bälle an das Rettungswerk weiter. – Die traditionsreiche Bremer Eiswette sammelt jeweils im Januar einen namhaften Spendenbetrag. – Der NDR und Lutz Ackermann veranstalten in der Oldenburger Weser-Ems-Halle ein Rockkonzert und überweisen anschließend 60.000 DM für die Arbeit der Seenotretter. – Eine Dame aus Nordrhein-Westfalen lädt Nachbarinnen und Freundinnen zum gemütlichen "Klönschnack" bei Kaffee und Kuchen ein, und die Gäste erweisen sich im Gegenzug spendabel in Form einer Zuwendung an die DGzRS.

Ein Hobbymagier stellt seine Gagen dem guten Zweck zur Verfügung, ebenso wie die Akteure einer Kleinkunstbühne in Hannover. – Schülerinnen und Schü-

# Pressestimmen zum freiwilligen Verzicht der DGzRS auf staatliche Zuwendungen – 1957

## "Hamburger Abendblatt":
### Ein Wunder

Es klingt wie ein schönes Wunder: Die Deutsche Gesellschaft zur Rettung Schiffbrüchiger hat auf die ihr zustehenden Mittel aus dem Bundeshaushalt und die ihr regelmäßig geleisteten Zuschüsse zur Erneuerung der Boote verzichtet. Manche schlauen Zeitgenossen mögen sich an den Kopf fassen und sich fragen, was denn diese Gesellschaft für unkluge Vorstandsmitglieder hat.

Wir sind der Meinung, daß es ganz prächtige Menschen sein müssen. Hören wir die Begründung, die freilich ganz anders klingt als das, was man sonst in Schreiben an das Bundesfinanzministerium liest. Die Gesellschaft bedauert, daß heute fast alle Verantwortung dem Staate zugeschoben wird. Was nun kommt, verdient wörtlich angeführt zu werden: "Dabei geht etwas sehr Wesentliches verloren: das Verantwortungsgefühl von Mensch zu Mensch, die persönliche Wärme, das Herz."

Die Gesellschaft zur Rettung Schiffbrüchiger ist eine sehr alte Gesellschaft. Vor neunzig Jahren wurde sie gegründet. Jetzt unterhält sie zahlreiche ganz moderne Motorboote, die mit starken Brandungen fertig werden. In dieser Gesellschaft lebt noch etwas von dem alten Geist. Als sie gegründet wurde, warfen die Hamburger in verschlossenem Umschlag ihre selbsteingeschätzte Steuer in eine Truhe. Es war, nach heutigen Begriffen, eine Kleinigkeit, die sie opferten.

Aber damit war es nicht getan. Sie gaben freiwillig viel mehr und noch in ihren Testamenten stifteten sie. In Hamburg gab es ganze Straßen mit Stiften für alte Leute, die so unterhalten wurden. Das ist vorbei. Dieses Geben wurde als Wohltätigkeit herabgesetzt, und an die Stelle der "Wohltäter" trat der Staat, der Rechtsanspruch, der Beamte, das Sozialgericht. Es wäre unsinnig, diese Entwicklung zu beklagen. Aber sehr berechtigt ist die Frage, ob sie nicht zu weit gegangen ist.

Wir Menschen des Jahres 1957 neigen dazu, die Hände in die Hosentaschen zu stecken und alles den Beamten und dem Staat zu überlassen. Wir helfen zwar auch, vielleicht mehr sogar als unsere Vorfahren, aber wir machen das auf höchst unpersönliche Weise ab. Wir kaufen uns von unserer Verantwortung für die Nächsten durch Zahlungen von Steuern frei. Dabei verkümmert die persönliche Anteilnahme, das Herz. Wir von heute sind in Gefahr, aus hilfsbereiten, warmherzigen Mitmenschen zu kalten Steuerzahlern zu werden.

Wenn heute etwas geschaffen werden soll, denkt man zuerst an den Staat. Es ist so weit, daß Vorsitzende oder Geschäftsführer von Vereinen oder Gesellschaften sich untüchtig vorkämen, wenn sie nicht zuerst versuchten, den Staat anzuzapfen. Die Rechnung mag auf dem Papier gut sein. Aber es ist eine Rechnung ohne persönliche Verantwortung, ohne Tapferkeit. Es ist geradezu großartig und wunderbar, daß die Gesellschaft zur Rettung Schiffbrüchiger, die auch durchaus zu rechnen versteht – ihre Bilanzen beweisen es –, das Herz, das altmodisch gewordene Herz wieder zu Ehren bringen will.

*Bundespräsident Theodor Heuss und der damalige Vorsitzer der DGzRS, Hermann Helms*

## "Die Welt":
### Verzichtet

Es kommt nicht oft vor, daß eine Organisation, die im vergangenen Jahr 250 Menschen das Leben rettete und seit ihrer Gründung 10 895 dem Tod entriß, freiwillig auf die Zuschüsse verzichtet, die ihr der Staat zur Verfügung stellt. (Sie waren ohnedies nicht hoch. Es handelte sich um insgesamt 600 000 DM in den letzten Jahren.)

Dieses Ereignis verdient gewürdigt und hervorgehoben zu werden. Es handelt sich um die "Deutsche Gesellschaft zur Rettung Schiffbrüchiger", die soeben der zuständigen Dienststelle des Bundesverkehrsministeriums mitteilte, daß sie jetzt über genügend eigene Mittel verfüge, um ihr Programm aus eigener Kraft durchführen zu können. Freiwillig und ehrenamtlich fuhr die Gesellschaft mit 16 Rettungskreuzern seit 1945 durchschnittlich 302 Einsatzfahrten mit 312 Geretteten im Jahr und rund 90 Hilfeleistungen für Schiffe.

In dem Vorwort zum Jahrbuch der Gesellschaft von 1957 heißt es: "Auf unserem Wege zum Wohlfahrtsstaat sind wir so leicht geneigt, dem Staat allein alle Verantwortung zuzuschieben, ihm überlassen zu wollen, was getan werden muß. Dabei aber geht etwas sehr Wesentliches unvermeidlich verloren: das Verantwortungsgefühl von Mensch zu Mensch, die persönliche Wärme, das Herz. Es ist nicht dasselbe, ob eine Hilfeleistung, eine gute Tat von Amts wegen unpersönlich und anonym organisiert wird oder ob in ihr das Wollen und Fühlen von Menschen Ausdruck findet und verwirklicht wird."

Es muß eine seltsame Minute für den Bundesfinanzminister sein, wenn er im täglichen Lärm der vielen Interessen und Interessenten, die immer nur vom Staat fordern, diesen kleinen Posten aus seinem Etat streichen kann. Vielleicht sagt er sich dabei: "Man muß zur See fahren oder auf die Berge steigen, um das noch zu erleben. Zu Lande und namentlich hierzuland passiert es einem selten!"

**"Westfalen-Zeitung":**
**Beispiel**

Die Deutsche Gesellschaft zur Rettung Schiffbrüchiger hat erklärt, daß sie Bundesmittel in Zukunft nicht mehr benötige. In Bonn wird das als Sensation betrachtet. Das ist es auch in diesem Getriebe der Begehrlichkeit. Während alles an die Futterkrippe des Bundeshaushaltes drängt, zieht sich eine achtunggebietende, hochangesehene Gesellschaft bescheiden zurück, nachdem es ihr gelungen ist, sich auf die eigenen Füße zu stellen und ihrer selbstgewählten gemeinnützigen Aufgabe auch ohne Bundeshilfe nachzukommen.

Die Gesellschaft hätte auch anders verfahren können. Im Bundestag gäbe es wohl niemanden, der ihr weitere Mittel verweigert hätte. Doch die Deutsche Gesellschaft zur Rettung Schiffbrüchiger wirkt in einer Gesinnungswelt besonderer Art. Sie will nicht erwerben: sie will dienen, und zwar auf eine Weise, die ihre tätigen Helfer in Gefahr für Leib und Leben führt. Der höchste Grad von Gemeinnützigkeit wird hier erreicht. Da bleibt kein Raum mehr für Überlegungen, die im öffentlichen Getriebe sonst gang und gäbe sind, und den Dienern an einer so anständigen Sache kommt es nicht in den Sinn, nach dem Rezept zu verfahren: Wenn man dir gibt, dann nimm; gibt man dir nicht, dann schrei!

Man hört oder liest gelegentlich, wie vergeblich es sei, nach Idealen zu suchen, die auch heute brauchbar wären. Wir meinen, die Deutsche Gesellschaft zur Rettung Schiffbrüchiger weise einen Weg.

An dem Tage, an dem ein Verhalten, wie die Gesellschaft es an den Tag legt, nicht mehr als Sensation empfunden wird, sondern als Selbstverständlichkeit, an diesem Tage haben wir als Volk und Staat wieder zu uns selbst gefunden.

ler eines Gymnasiums am Bodensee führen mit großem Erfolg Puppenspiele auf, die Einnahmen hieraus gehen ebenfalls an die Küste. – Sportvereine werben auf ihren Trikots nicht etwa für ein Markenprodukt, sondern für die Seenotretter, kostenlos selbstverständlich. – Ebenso kostenlos werden in Zeitungen und Zeitschriften Anzeigen veröffentlicht. – Jürgen von der Lippe berichtet in seiner Fernsehsendung "So isses" über das Seenotrettungswerk. – Ein Wassersport-Verein sammelt anläßlich der in Norddeutschland in den Wintermonaten so beliebten Kohl- und Pinkelfahrten Spenden für die Seenotretter. – Eine Zeitung im Harz verkauft Pressefotos an Privat und überweist den Erlös nach Bremen.

Auf einer Messe in Berlin versteigert ein Bäcker ein Seenotkreuzer-Modell ganz aus Brotteig, und zu Weihnachten überraschen Backwarenhersteller die Rettungsmänner auf ihren Seenotkreuzern, die natürlich auch während der Festtage einsatzbereit sind, mit "süßen Sachen". – Ein Mann aus einer norddeutschen Kleinstadt denkt gar nicht daran, Weihnachtsgeschenke für die Familie in teures Papier einzupacken, das Gesparte gibt er lieber den Seenotrettern. – In Reutlingen stellt unterdessen ein international anerkannter Maler der Gesellschaft unentgeltlich wertvolle und signierte Kunstdrucke zur Verfügung. – Überall im Land führen Schiffsmodellbauclubs Schau-und Wettfahrten durch und bitten dabei um Spenden. – Durch eine großzügige Sachzuwendung können Seenotkreuzer und Seenotrettungsboote mit Fotokameras und Filmmaterial ausgestattet werden, um, wann immer es die Gelegenheit erlaubt, Such- und Rettungsaktionen im Bild festhalten zu können. – Ein Schüler aus Süddeutschland stellt das Seenotrettungswerk im Rahmen eines Referats vor und überweist zudem ein Monats-Taschengeld. – Eine Lehrerin im Saarland wiederum greift auf den kostenlosen Filmverleih der DGzRS zurück und führt in ihrer Klasse den Film "SOS - Kurs Menschen retten" vor.

Wenn vornehmlich in der "Nordschiene" des Deutschen Fernsehens der beliebte "Talk op Platt" läuft, dann ist zumeist auch ein Sammelschiffchen dabei. – Einzelpersonen, Unternehmen und Stiftungen stellen größere Sonderspenden zur Finanzierung von Seenotkreuzer- und Seenotrettungsboot-Neubauten zur Verfügung. – Ein Hersteller von Plastik-Bausätzen im westfälischen Bünde gibt ein Modell vom Seenotkreuzer "Berlin" heraus. – Firmen bestellen gegen Ende eines Jahres Glückwunschkarten bei der DGzRS, um diese mit entsprechendem Aufdruck als Weihnachtsgrüße an Geschäftspartner und Freunde des Hauses zu versenden. – Ein Hamburger Yachtfotograf bietet in Zusammenarbeit mit einem maritimen Verlag seit mehreren Jahren einen großformatigen Kalender an, in dem in eindrucksvollen Bildern die Arbeit der Seenotretter dargestellt wird, und in dessen Verkaufspreis eine Spende für die DGzRS enthalten ist. – Banken stellen ihre Schalterhallen für Ausstellungen der DGzRS zur Verfügung...

Die Liste ließe sich nahezu unbegrenzt fortsetzen. Ihren Freunden und Förderern bietet die DGzRS selbst einige Artikel an, die die Verbundenheit mit dem Seenotrettungswerk dokumentieren. Hierzu gehören Autoaufkleber, Bücher, Bastelbogen, Poster, Krawatten und Halstücher sowie die kleine Mitgliedsnadel am Revers. Und wer könnte besser für das Seenotrettungswerk werben als die Spender und Mitglieder selbst? Das Rettungswerk ist dankbar für jede Fürsprache im Bekannten- und Verwandtenkreis, die dazu beiträgt, weitere Förderer zu gewinnen.

Nicht zu vergessen im Jubiläumsjahr ist die Serie von drei Gedenkmedaillen in Silber, die bei der DGzRS erhältlich sind. Motiv 1 dieser Serie erinnert an die Anfänge mit der Abbildung eines alten Ruderrettungsbootes, Motiv 2 an die Epoche der Motorrettungsboote, während das dritte Motiv einen modernen Seenotkreuzer im Jahr 1990 zeigt. Helfen kann wirklich jeder – und jeder Beitrag vom Groschen ins Sammelschiffchen bis zur größeren zweckgebundenen Spende, mit der ein neues Boot (teil-)

finanziert werden kann, ist gleichermaßen willkommen.

Rund 180.000 Mitglieder und Spender in unserem Land, aber auch im deutschsprachigen Ausland, und viele freiwillige Helfer bilden das Rückgrat der Gesellschaft.
Sie tragen dazu bei, daß das Seenotrettungswerk mit nur einem kleinen hauptamtlichen Mitarbeiterstab auskommt und seine Aktivitäten voll und ganz auf den Rettungsdienst konzentrieren kann.

# VOM STRANDRECHT ZUR SEENOT- RETTUNG

125 Jahre Deutsche Gesellschaft zur Rettung Schiffbrüchiger sollen selbstverständlich auch ein Anlaß sein für einen Rückblick auf die bewegte – und bewegende – Geschichte des Rettungswerks. Das Jubiläum bietet auch die Gelegenheit, an die Zeit zu erinnern, in der Schiffbrüchige vergeblich auf Hilfe hofften; an die Zeit, in der sich langsam und unter erheblichen Schwierigkeiten die Bildung des Rettungswerks abzeichnete. Wir wollen erinnern an die Gründung der DGzRS und ihre Gründungsväter; an die Zeit der Ruderrettungsboote und Raketenapparate und an die unermeßlichen Anstrengungen, die mit dem harten Einsatz der Rettungsmänner verbunden waren; an die schrittweise Umstellung der Rettungsflotte auf motorgetriebene Boote; an den Wiederaufbau des Seenotrettungwerks nach Ende des Zweiten Weltkrieges, an die Entwicklung des ersten modernen Seenotkreuzer-Typs, an den enormen technischen Fortschritt und Aufschwung des zeitgemäßen, leistungsstarken Seenotrettungsdienstes heutiger Prägung.

Aber wir wollen auch daran erinnern, daß die Einsätze, die Arbeit der Rettungsmänner in jeder Epoche gleichermaßen eine Herausforderung an Mensch und Technik waren und weiterhin sein werden; und daran, daß die See, die Naturgewalten sowohl dem Menschen als auch der Technik auf so tragische Weise Grenzen aufzeigten. Nur aus der langen Geschichte heraus ist die Deutsche Gesellschaft zur Rettung Schiffbrüchiger des Jahres 1990 in all ihren Aspekten zu verstehen.

*"Deshalb geht hiermit an alle Deutsche der ernste Ruf…"*

Für den Seefahrer früherer Zeiten war eine Strandung auf den tückischen Untiefen vor den europäischen Küsten meist gleichbedeutend mit dem sicheren Ende. Vom Ufer her war Rettung nicht zu erhoffen, denn sowohl für die Schiffbrüchigen selbst als auch für die Küstenbewohner galt ein Schiffbruch als unabwendbares Schicksal, in das man sich nun einmal fügen und mit dem jeder, den es traf, selbst fertig werden müsse.

Zwar gönnte niemand an der Küste der Besatzung eines Schiffes ein schreckliches Ende; nur allzu bereitwillig verdrängte man aber den Gedanken an diese Unglücklichen, deren Los man bei der damaligen fatalistischen Betrachtungsweise ja ohnehin nicht ändern zu können glaubte. Weit näher lag es jedenfalls, sich einen Anteil an der Bergung der Wracktrümmer und Ladungsteile zu sichern, die die See im Verlauf ihres Zerstörungswerkes an Land spülen würde. Denn bevor die vorwiegend sandigen oder felsigen Küsten Europas gegen Anfang des 19. Jahrhunderts als Erholungsgebiet für Binnenländer erschlossen wurden, bedeutete die Verwertung geborgenen Strandgutes für die Bewohner eine willkommene Verbesserung ihrer oftmals äußerst kargen Lebensbedingungen.

Kompliziert wurden die Dinge allerdings, wenn es bei einer Strandung Überlebende gab, galten doch in diesem Fall das Wrack und seine Ladung nicht als herrenlos und konnten nach überliefertem "Strandrecht" nicht ohne weiteres in Besitz genommen werden. Grund genug also, die Rettung Schiffbrüchiger nicht unbedingt herbeizu-

wünschen, geschweige denn unter Gefahr für das eigene Leben zu ermöglichen.

Mit zunehmendem Aufkommen humanitären Gedankengutes im Zeichen der Aufklärung wandelte sich aber auch an den Küsten das Bild. Hatte man seit Menschengedenken gebetet "Gott segne unseren Strand", so begann man jetzt mehr und mehr Anteil am Schicksal der in Seenot geratenen Mitmenschen zu nehmen. Von Großbritannien ausgehend, entstanden in der zweiten Hälfte des 18. Jahrhunderts an vielen Plätzen der europäischen Küsten karitative Einrichtungen, zunächst mit dem begrenzten Zweck, die Schiffahrt vom Land her durch Signale vor Untiefen oder anderen Gefahrenstellen zu warnen und sich um die an den Strand verschlagenen Schiffbrüchigen zu kümmern. Recht bald schon begnügten sich aber die örtlichen Hilfswerke nicht mehr damit, lediglich am Ufer tätig zu werden, sondern empfanden in zunehmendem Maße den Wunsch, durch eigene aktive Rettungsmaßnahmen "vor Ort" rechtzeitig größeres Elend zu verhüten. Man fing an, sich Gedanken über die Entwicklung spezieller Rettungsboote und -geräte zu machen, und mehr und mehr fanden sich auch beherzte Männer bereit, den Kampf gegen Sturm und Brandung aufzunehmen, um die Menschen von Bord eines gestrandeten Wracks abzubergen. Aus den ursprünglichen Wohltätigkeitseinrichtungen entstanden so mit der Zeit die ersten echten Rettungsstationen.

Im Inselreich Großbritannien, dessen Bevölkerung für den Gedanken der Seenotrettung von Anfang an besonders aufgeschlossen war, vereinigte Sir William Hillary die lokalen beziehungsweise regionalen Stationen bereits im Jahre 1824 zur "National Institution for the Preservation of Life from Shipwrecked", die später in "Royal National Lifeboat Institution" umbenannt wurde. Er schuf damit die erste Organisation der Welt, die sich die Rettung Schiffbrüchiger zur nationalen Aufgabe machte. Noch im gleichen Jahr entstanden in den Niederlanden zwei Einrichtungen gleicher Art und Zielsetzung, von denen die eine den Norden, die andere den Süden des Landes abdeckte – und nach und nach folgten weitere Länder diesem Beispiel.

In Deutschland, das damals noch in zahlreiche Einzelstaaten zersplittert war, stand die vorwiegend binnenländisch orientierte Öffentlichkeit zu jener Zeit der See und der Küste mehr oder weniger gleichgültig gegenüber. Die Küstenbewohner selbst hatten ihrerseits noch jahrzehntelang an den schweren Rückschlägen zu tragen, die ihre auf Fischerei und Kleinschiffahrt gestützte Existenz durch die napoleonische Besetzung sowie durch die erdrückende englische Kontinentalsperre erlitten hatte. Im Gegensatz zu Großbritannien und den Niederlanden konnte sich überliefertes Strandrecht-Denken an einigen Plätzen der deutschen Küste beziehungsweise der ihr vorgelagerten Inseln noch bis Mitte des 19. Jahrhunderts halten.

ndererseits gab es aber auch in Deutschland schon relativ früh einige – wenn auch eher halbherzige – Ansätze, Seenotrettungsdienste ins Leben zu rufen. So wurde zum Beispiel die erste deutsche Rettungsstation bereits im Jahre 1802 durch die kaufmännische Korporation zu Memel errichtet und mit einem in England beschafften Boot ausgestattet. 1803 zog der preußische Fiskus in Pillau nach und verfügte um 1850 an seiner Ostseeküste immerhin schon über 20 teils mit Booten, teils mit Leinengeschützen ausgerüstete Rettungsstationen, die von den staatlichen Lotsenämtern betreut und betrieben wurden. Demgegenüber existierte an der ganzen deutschen Nordseeküste um 1850 erst ein einziges Rettungsboot. Es war 1837 von der Auricher Landdrostei des Königreiches Hannover aus Holland beschafft und auf der Insel Norderney stationiert worden. Die von der gleichen Behörde ursprünglich geplante Einrichtung einer weiteren Rettungsstation auch auf Borkum blieb schon in den Anfängen stecken, weil die Finanzierungsfrage nicht geklärt werden konnte.

Von keinem dieser Vorläufer des deutschen Seenotrettungswesens an Ost- und Nordsee sind allerdings nennenswerte Einsätze oder Erfolge bekannt geworden. Die Ursache ihrer geringen Effizienz ist nicht zuletzt darin zu suchen, daß die im Staatsdienst stehenden Lotsen, denen man den Rettungsdienst quasi als "Nebenamt" aufbürdete, rein zahlenmäßig nicht ausreichten, um zusätzlich zu ihren eigentlichen Pflichten auch noch die Rettungseinrichtungen zu warten, geschweige denn, sie ohne Verstärkung durch freiwillige Helfer erfolgreich zum Einsatz zu bringen. Da man es andererseits aber versäumte oder nicht verstand, die Küstenbewohner für diesen selbstlosen Dienst am Nächsten zu motivieren, dämmerten die staatlichen Rettungsstationen in einer Art "Dornröschenschlaf" mehr oder weniger dahin. Erst die private Initiative einiger hochgesinnter Bürger brachte schließlich den Stein ins Rollen. Zum zündenden Funken wurde die Strandung der hannoverschen Brigg "Alliance" am 10. September 1860 vor Borkum, an sich nur eine von zahlreichen ähnlichen Schiffskatastrophen, wie sie sich seit Menschengedenken immer wieder vor den deutschen Küsten ereigneten. Hatte sich aber zuvor das tragische Geschehen stets mehr oder weniger unter Ausschluß der Öffentlichkeit abgespielt, so wurden im Fall der "Alliance" entsetzte Badegäste Zeugen, wie die neunköpfige Besatzung verzweifelt um ihr Leben rang und schließlich jämmerlich umkam. Einer dieser Badegäste – sein Name blieb unbekannt – schilderte das erschütternde Erlebnis in einer norddeutschen Zeitung; und sein Bericht brachte einen Mann auf den Plan, der mit gutem Recht als der eigentliche Initiator des deutschen Seenotrettungswerks bezeichnet werden kann.

Dieser Mann war Adolph Bermpohl, Navigationslehrer an der Seefahrtschule zu Vegesack. Bereits am 3. Oktober 1860 veröffentlichte der gebürtige Gütersloher in der "Vegesacker Wochenschrift" einen Aufsatz, der den Fall "Alliance" als eine Schande für ganz Deutschland brandmarkte und an den heimischen Küsten die Einrichtung eines von der Anteilnahme des ganzen Volkes getragenen Seenotrettungswerks nach britischem und holländischem Vorbild forderte.

*Adolph Bermpohl und Frau*

*Georg Breusing*

Weitere Veröffentlichungen aus seiner Feder folgten in kurzen Abständen, so u.a. der Aufruf vom 21. November 1860, den er zusammen mit dem Advokaten und Notar Carl Julius Adolph Kuhlmay in Vegesack verfaßte und in dem es hieß: *"Es erscheint an der Zeit, endlich auch für Deutschlands Küsten Rettungsstationen zu errichten…Deshalb geht hiermit an alle Deutsche der ernste Ruf, sich an diesem Werke der Wohlthätigkeit nach Kräften zu betheiligen."*

Aufgerüttelt durch derartige, immer eindringlicher, immer beschwörender werdende Appelle, gingen tatkräftige und entschlossene Männer an der Küste daran, Bermpohls Gedanken zu verwirklichen. Allen voran gründete der draufgängerische Emder Oberzollinspektor Georg Breusing bereits im März 1861 einen ostfriesischen Verein zur Rettung Schiffbrüchiger als erste Institution dieser Art auf deutschem Boden. Noch im gleichen Jahr entstand in Hamburg ein ähnlicher Verein – und in der Zeit von 1863 bis 1865 folgten dann nach und nach gleichartige Gründungen in Bremen, Kiel, Rostock, Lübeck und Danzig.

Was die bis dahin von staatlicher Seite sozusagen "mit der linken Hand" organisierten Seenotrettungsdienste nicht geschafft hatten, gelang den durch Bürgerinitiative ins Leben gerufenen Vereinen auf Anhieb. Innerhalb kürzester Zeit wurde bei den Küstenbewohnern die Bereitschaft geweckt, in Not geratenen Seefahrern Hilfe und Rettung zu bringen, sei es durch wagemutigen Einsatz der eigenen Person oder aber durch ideelle beziehungsweise finanzielle Unterstützung des Rettungswerks. Schon die ersten von jenen Vereinen errichteten Rettungsstationen lieferten durch ihre Einsatzerfolge den überzeugenden Beweis, daß engagierte, uneigennützige Bürger in freiwilliger Gemeinschaft mehr zu vollbringen vermochten als staatliche Organe mit hierarchisch gesteuerten behördlichen Dienstleistungen.

Da die regionalen Vereine sich lediglich auf das Spenden- und Beitragsaufkommen ihres oft nur dünn besiedelten Küstenabschnitts mit seinem unmittelbaren Hinterland stützen konnten, standen ihnen für den Betrieb und weiteren Ausbau ihrer Rettungseinrichtungen allerdings nur beschränkte Mittel zur Verfügung. Der Bremer Verein hatte dies frühzeitig erkannt und setzte sich von Anfang an zielstrebig für einen Zusammenschluß der Regionalvereine ein, um derart den Gedanken eines einzigen, nationalen deutschen Seenotrettungswerks von möglichst breiter Basis aus auch an die Bevölkerung des Binnenlandes heranzutragen. Engagierter Vorkämpfer für eine solche Fusion war vor allem der Schriftführer des Bremer Vereins, Dr. Arwed Emminghaus, von Beruf Redakteur beim "Bremer Handelsblatt". Seiner unermüdlichen, beharrlichen Initiative ist es zu verdanken, daß die auf ihre Leistungen mit Recht stolzen Regionalvereine ihre partikularistischen Interessen schließlich überwanden und sich am 29. Mai 1865 in Kiel zur "Deutschen Gesellschaft zur Rettung Schiffbrüchiger" zusammenschlossen – wohlgemerkt, sechs Jahre bevor Deutschland als einheitliches Staatswesen durch Bismarck gegründet wurde.

Innerhalb weniger Jahre hatte sich ein geradezu dramatischer Wandel im Bewußtsein der Bevölkerung vollzogen – von der Gleichgültigkeit gegenüber den in Not geratenen Mitmenschen zur selbstlo-

*Dr. Arwed Emminghaus*          *Hermann Henrich Meier*

sen Bereitschaft, zu helfen. Eines ist jedoch in aller Deutlichkeit festzustellen: Wenn uns heute, an der Schwelle zum 21. Jahrhundert, die Einstellung der Menschen seinerzeit, bis Mitte des 19. Jahrhunderts, als inhuman und befremdend erscheint, so war jenes Verhalten beileibe keine Eigenschaft der Bewohner der Inseln oder Küstengebiete. Es muß vielmehr im historischen und gesellschaftlichen Zusammenhang gesehen werden, denn der reine humanitäre Gedanke war erst im Entstehen begriffen – was seinen Niederschlag fand in der Gründung zahlreicher anderer karitativer Einrichtungen. Die Rettung Schiffbrüchiger scheiterte jedoch nicht nur am damaligen "Zeitgeist", natürlich fehlte es auch an den entsprechenden Ausrüstungen, Einrichtungen und an der Organisation.

Am 29. Mai 1865 waren aber auch in Deutschland endgültig die organisatorischen und strukturellen Voraussetzungen für den Aufbau eines einheitlichen Seenotrettungswerks geschaffen worden.
Die Kieler Versammlung hatte mit dem Bremer Reeder und Mitbegründer des Norddeutschen Lloyd, Hermann Henrich Meier, einen Mann zum Vorsitzer der Gesellschaft gewählt, der lange Zeit äußerst skeptisch war bezüglich der Möglichkeit, die divergierenden Kräfte zusammenzuführen und innerhalb der DGzRS zu vereinigen. Mit der personellen Entscheidung zugunsten H.H. Meiers war auch der Sitz der Gesellschaft – Bremen – festgelegt worden.

**Nur spärlich gelangten Informationen über den Verlauf und Ausgang von Rettungsfahrten in den ersten Jahren des Bestehens der DGzRS in die Hauptverwaltung nach Bremen.**
**Erstmals berichteten die "Mittheilungen über das Deutsche Rettungswesen für das Jahr 1866" aus der Arbeit der Rettungsmänner:**

"Die im vorigen Jahr geschehenen Leistungen der Deutschen Stationen sind in hohem Grade anerkennenswert. Von ihnen aus sind im Ganzen 141 Personen gerettet worden und zwar 122 durch Rettungsböte und 19 durch Rettungsgeschütze.
Die einzelnen Rettungen durch Böte verteilen sich in folgender Weise:
**1. *Am 14. Januar*** durch das Memeler Rettungsboot 15 Personen von der Preussischen Bark "Marianne", Capt. Schulz.
**2. *Am 10. Februar*** durch das Juister Rettungsboot 15 Personen von dem Englischen Dampfer "Excelsior", Capt. Newton.
**3. *Am 18. Mai*** durch das Lebaer Rettungsboot 1 Person vom Preussischen Schuner "Stolper-Packet", Capt. Ziepke.
**4. *Am 18. Juni*** durch das Wustrower Rettungsboot 4 Personen vom Russischen Schuner "Constantin", Capt. Segerström.
**5. *Am 7. August*** durch das Bremerhavener Rettungsboot 7 Personen von der Englischen Brig "Clyde", Capt. Dobson.
**6. *Am 16. October*** durch das Cuxhavener Rettungsboot 9 Personen der Englischen Brig "Adelphi", Capt. Daud.
**7. *Am 1. November*** durch das Pillauer Rettungsboot drei Personen von

der Schleswig-Holsteinischen Kuff "Erndte", Capt. Kühler.
**8. *Am 9. November*** durch das Pillauer Rettungsboot 23 Personen von dem Englischen Dampfer "Ajax", Capt. Wilson.
**9. *Am 10. November*** durch das Mellneraggener Rettungsboot 5 Personen vom Holländischen Schuner "Cornelia", Capt. Boon.
**10. *Am 17. November*** durch das Cuxhavener Rettungsboot 19 Mann vom Englischen Dampfer "Earl de Grey", Capt. Fullam.
**11. *Am 9. December*** durch das Pillauer Rettungsboot 11 Personen von der Preussischen Bark "Depesche", Capt. Wendt.

**12. Am 26. December** durch das Cuxhavener Rettungsboot 10 Personen von der Bremischen Brig "Friedrich und Adolph", Capt. Rabe. Zusammen 122 Personen.

An der Deutschen Nordseeküste sind hiernach 60 Personen, an der Deutschen Ostseeküste 62 durch Rettungsböte geborgen. Ausserdem sind im verflossenen Jahre zwei Rettungen durch Geschütze vollbracht worden:

**1. Am 8. December** zu Hela 10 Mann von der Preussischen Bark "London", Capt. Mielordt, während vier Mann ertranken.

**2. Am 12. December** zu Stutthoff 9 Mann von der Englischen Brig "Idalia", Capt. Gibson. Zusammen 19 Personen.

Diese Ziffern geben bloss die Rettungen wieder, welche durch Stationen vollführt sind; von den Anstalten der Deutschen Gesellschaft sind nur denen zu Leba und Bremerhaven Rettungen gelungen, während die zu Kopalyn, Wangerooge und Horumersiel verschiedene Hülfsversuche gemacht haben, welche durch eigene Rettung der Gefährdeten, die vom gestrandeten Schiff aus mittels Böten unternommen wurden, erfolglos blieben.

Bei dem noch obwaltenden Mangel an völlig dienstfähigen Stationen ist natürlich eine nicht geringe Anzahl von Rettungen im vorigen Jahre ohne künstliche Apparate durch Fischerböte vollbracht. Ueber Fälle dieser Art ist dem Vorstande nur in den beiden letzten Monaten des vorigen Jahres berichtet worden, und in zuverlässiger Weise bloss von denjenigen Punkten aus, an denen die Rettungsgesellschaften bereits festen Fuss gefasst haben. Es ist gewiss wünschenswerth, dass der Vorstand auch über alle durch Küstenböte vollbrachte Rettungen genauere Mittheilungen erhalte, als ihm bisher zugegangen sind."

# MUSKELKRAFT UND WIND

Die gegen Ende des 18. Jahrhunderts in Großbritannien entstandenen ersten örtlichen Rettungsdienste hatten bereits frühzeitig die Erfahrung gemacht, daß Boote herkömmlicher Bauart für solch extreme Einsatzbedingungen nicht geeignet waren. Was man brauchte, waren brandungstaugliche Fahrzeuge mit besonders großer Stabilität, d.h. Kentersicherheit. Sie mußten vor allem unsinkbar sein, auch wenn sie voll Wasser schlugen.

Die erste verläßliche Nachricht über ein wirklich unsinkbares Boot kam allerdings nicht aus Großbritannien, sondern aus Frankreich. Im Jahre 1767 führte der Direktor des französischen staatlichen Brücken- und Straßenwesens, Monsieur Bernières, einer staunenden Öffentlichkeit auf der Seine ein von ihm erbautes Boot vor, das dank innen angebrachter Luftkästen schwimmfähig blieb, obwohl es

mit neun Mann belastet und bis zum Dollbord voll Wasser geschöpft wurde. Inwieweit Bernières dann seine Idee in der Praxis verwertete, ist allerdings nicht überliefert.

17 Jahre später begann der Londoner Wagenbauer Lionel Lukin unter dem Eindruck der vielen erschütternden Berichte über Schiffbrüchige an englischen Küsten, sich mit der Konstruktion eines unsinkbaren Rettungsbootes zu befassen. Für seinen ersten Versuch verwendete er eine norwegische Jolle, welcher er durch einen außen an der Bordwand angebrachten dicken Korkgürtel zusätzlich Auftrieb verlieh. Nach erfolgreicher Erprobung meldete Lukin seine Idee 1785 zum Patent an. Während sein Versuchsboot anschließend im Lotsendienst Verwendung fand, baute Lukin 1786 eines der robusten englischen Strandfischerboote, einen sogenannten "Cobler", nach den gleichen Merkma-

len um. Dieses Fahrzeug erwarb der Bischof von Durham für das unter seinem Patronat stehende Schiffbrüchigen-Asyl im "Bamborough Castle" an der Tynemündung, das damit zur ersten eigentlichen Rettungsstation nicht nur Englands, sondern ganz Europas wurde. Obwohl das "Bamborough"-Boot sich im Einsatz durchaus bewährte, gelang es Lukin nicht, seiner Konstruktion offizielle Anerkennung zu verschaffen. Inzwischen hatte nämlich der Schiffszimmermann Henry Greathead aus Shields mit einem Rettungsboot von sich reden gemacht, daß er 1789 im Auftrag der privaten Lotsenvereinigung "The Gentlemen of the Lawe House" gebaut hatte und das sich der Lukinschen Version von Anfang an als überlegen erwies. Das Eichenholz-Boot war 30 Fuß lang und bot 10 Ruderern Platz. Vorn und achtern gleich gebaut, konnte es mittels Steuerriemen wahlweise an beiden

Enden gesteuert werden. Greatheads erstes Boot erhielt den Namen "Original". Es befand sich 40 Jahre lang erfolgreich im Einsatz und hat – bevor es 1830 bei einer Rettungsaktion auf einem Felsen zerschellte – einigen hundert Schiffbrüchigen das Leben gerettet. Vom gleichen Typ baute Greathead insgesamt 31 Fahrzeuge, von denen acht ins Ausland exportiert wurden, darunter übrigens zwei Boote für die ersten preußischen Rettungsstationen in Memel und Pillau. Die Gerechtigkeit erfordert hier allerdings die Anmerkung, daß Greathead keineswegs der "Erfinder", sondern lediglich der Hersteller des nach ihm benannten Rettungsbootstyps war, wenngleich er mit seinen Erfahrungen und seinem handwerklichen Können sicher einiges zu dessen Vervollkommnung beigetragen hat. Das eigentliche Konzept des Bootes stammte hingegen von einem Mitglied der "Gentlemen of the Lawe House" namens Michael Rockwood und griff zum Teil auf Ideen zurück, die der Vereinigung im Rahmen eines Wettbewerbs durch den Maler und Organisten William Wouldhave aus South Shields vorgeschlagen wurden, ohne jedoch von ihm selbst in der Praxis verwirklicht worden zu sein.

Auch nach der Gründung der Royal National Lifeboat Institution im Jahre 1824 bildeten Greathead-Boote zunächst noch eine ganze Zeitlang den Kern der britischen Rettungsflotte. Obwohl sie durchaus das Prädikat "unsinkbar" verdienten und sich

## Nis Randers
### Otto Ernst 1862 – 1926

Krachen und Heulen und berstende Nacht,
Dunkel und Flammen in rasender Jagd –
Ein Schrei durch die Brandung!

Und brennt der Himmel, so sieht man's gut:
Ein Wrack auf der Sandbank! Noch wiegt es die Flut;
Gleich holt sich's der Abgrund.

Nis Randers lugt – und ohne Hast
Spricht er: "Da hängt noch ein Mann im Mast;
Wir müssen ihn holen."

Da faßt ihn die Mutter: "Du steigst mir nicht ein!
Dich will ich behalten, du bliebst mir allein,
Ich will's, deine Mutter!

Dein Vater ging unter und Momme, mein Sohn;
Drei Jahre verschollen ist Uwe schon,
Mein Uwe, mein Uwe!"

Nis tritt auf die Brücke. Die Mutter ihm nach!
Er weist nach dem Wrack und spricht gemach:
"Und seine Mutter?"

Nun springt er ins Boot und mit ihm noch sechs:
Hohes, hartes Friesengewächs;
Schon sausen die Ruder.

Boot oben, Boot unten, ein Höllentanz!
Nun muß es zerschmettern…! Nein: es blieb ganz!…
Wie lange? Wie lange?

Mit feurigen Geißeln peitscht das Meer
Die menschenfressenden Rosse daher;
Sie schnauben und schäumen.

Wie hechelnde Hast sie zusammenzwingt!
Eins auf den Nacken des andern springt
Mit stampfenden Hufen!

Drei Wetter zusammen! Nun brennt die Welt!
Was da? – Ein Boot, das landwärts hält –
Sie sind es! Sie kommen! –

Und Auge und Ohr ins Dunkel gespannt…
Still – ruft da nicht einer? – Er schreit's durch die Hand:
"Sagt Mutter, 's ist Uwe!"

in zahlreichen Einsätzen gut bewährten, zeigten doch mehrere tragische Unfälle, bei denen Todesopfer zu beklagen waren, daß diesem Bootstyp die für die extremen Bedingungen des Seenotrettungsdienstes erforderliche Stabilität, d.h. Kentersicherheit fehlte. Die Erkenntnis veranlaßte den Herzog von Northumberland und Vorsitzenden der RNLI, im Jahre 1850 einen Preis von 100 Guineen für die beste Konstruktion eines unsinkbaren, optimal kentersicheren und möglichst selbstaufrichtenden Rettungsbootes auszusetzen. Nicht weniger als 280 Einsender beteiligten sich an dem Wettbewerb, unter ihnen der Schiff- und Bootsbauer James Beeching aus Great Yarmouth, dem schließlich der Preis zugesprochen wurde. Auch sein Entwurf befriedigte allerdings noch nicht restlos und mußte durch James Peake, Bootsbauer und technischer Inspektor der RNLI, in einigen wesentlichen Punkten verbessert werden.

Aus dieser modifizierten Version des Beeching-Modells entstand so das später als "Peake"-Typ im In- und Ausland populär gewordene britische Standard-Ruderrettungsboot. Es war 30 Fuß lang, führte zwölf Riemen und hatte die schlanke, schnittige Form des sogenannten Walbootes. Wie schon beim Greathead-Boot wurde die Unsinkbarkeit durch einen äußeren Korkgürtel sowie durch innen angebrachte Luftkästen erreicht. Darüber hinaus erhielt das Peake-Boot selbstlenzende, d.h. selbstentleerende Eigenschaften durch Übernahme der im Jahre 1841 von George Farrow entwickelten Idee, oberhalb der Eintauchtiefe des Rumpfes im Inneren einen Doppelboden einzubauen, durch welchen das von oben hereinschlagende Wasser mittels Rückschlag-Ventilröhren selbsttätig abgeleitet wurde. Den Schwerpunkt des Bootes hatte Peake schließlich mit Hilfe eines fünf Zentner schweren Eisenballastes und einer Korkfüllung im Doppelboden so gelagert, daß das Boot tatsächlich als weitgehend kentersicher, ja sogar selbstaufrichtend gelten konnte.

Inzwischen hatte der humanitäre Gedanke der Seenotrettung aber auch in der Neuen Welt Fuß gefaßt und dort zu eigenständigen technischen Entwicklungen geführt, die auf den europäischen Rettungsbootsbau nicht ohne Einfluß blieben. Das traf vor allem zu für das vom New Yorker Bootsbauer Joseph Francis um 1835 entwickelte Verfahren, Bootskörper aus "kanneliertem", d.h. geknicktem Eisenblech vorzustellen. Die längs verlaufenden treppenförmigen Knickkanten, die unter einem Anstrich äußerlich wie eine hölzerne Klinkerbeplankung wirkten, verliehen – ähnlich wie beim heutigen Wellblech – dem relativ dünnwandigen Material die gleiche Festigkeit beziehungsweise Versteifung, wie sie die viel schwereren Holzplanken aufwiesen.

Die Deutsche Gesellschaft zur Rettung Schiffbrüchiger stützte sich beim Aufbau ihrer Rettungsflotte zunächst auf die Erfahrungen ihrer älteren ausländischen Schwestergesellschaften und erwarb anfangs einige Boote sowohl des britischen "Peake"- als auch des amerikanischen "Francis"-Typs, die später beide auf deutschen Werften nachgebaut wurden. Das volle 50 Zentner wiegende Peake-Boot erwies sich jedoch für den überwiegenden Teil der deutschen Rettungsstationen – vor allem an der Nordsee – schon deshalb als ungeeignet, weil sein Transport aus dem meist rückwärtig gelegenen Schuppen, über Dünen und lockeren Sandstrand hinweg, erhebliche Schwierigkeiten bereitete. Hinzu kam, daß dieses unverhältnismäßig tiefgehende, schwere Fahrzeug erst in Wassertiefen flott kam, die an den flachen deutschen Stränden weit vom Ufer entfernt lagen und somit für Pferde und Transportwagen unerreichbar waren. In der Praxis fand daher der Peake-Typ in Deutschland letztlich nur in einigen wenigen Exemplaren Verwendung, und zwar vornehmlich auf Stationen in der Nähe von Flußmündungen oder Hafeneinfahrten, wo das Boot über landfeste Slipanlagen unmittelbar in ausreichende Wassertiefen gelangte.

Demgegenüber war das aus kanneliertem Stahlblech hergestellte Francis-Boot bei gleicher Widerstandsfähigkeit nur etwa halb so schwer wie der Peake-Typ gleicher Größe und deshalb im lockeren Sand viel leichter zu transportieren. Dank seines geringen Tiefgangs und einer breiten Kielsohle konnte es darüber hinaus auch an extrem flachen Stränden problemlos zu Wasser gebracht werden. Ein weiterer Vorteil des Francis-Bootes lag darin, daß sein Metallrumpf kaum Pflege benötigte und auch dann

nicht undicht wurde, wenn das Fahrzeug längere Zeit ohne Einsatz im Schuppen gestanden hatte, wohingegen ein Holzrumpf in diesem Fall durch Austrocknung fast immer leck wurde.

Trotz der unbestreitbaren Vorzüge hatten jedoch die Erfahrungen mit den ersten importierten Francis-Booten gezeigt, daß deren amerikanische Originalversion den deutschen Vorstellungen und Bedürfnissen in einigen wichtigen Punkten nicht gerecht wurde. Als Nachteil wurde vor allem empfunden, daß dieser Typ nur gerudert werden konnte und zum Segeln weder eingerichtet war noch die erforderliche Stabilität besaß. Auf eine alternative Verwendungsmöglichkeit deutscher Rettungsboote sowohl zum Rudern als auch zum Segeln glaubte aber die DGzRS grundsätzlich nicht verzichten zu können. Man ging nämlich mit Recht davon aus, daß einerseits bei der eigentlichen Rettungsaktion am Havaristen ein gerudertes Boot naturgemäß besser zu manövrieren, andererseits aber für den – an der Nordsee oft meilenweiten – Weg zur Unfallstelle das Segeln vorzuziehen sei, weil es die Kräfte der Besatzung für den Einsatz "vor Ort" schonte. Selbst als reines Ruderfahrzeug hatte das Francis-Boot aus deutscher Sicht insofern noch Mängel aufzuweisen, als es sich schlecht steuern ließ und seine Tragfähigkeit die Aufnahme einer nur begrenzten Anzahl geretteter Personen erlaubte.

Obwohl die DGzRS bei ihrer Suche nach der optimalen Konzeption eines Rettungsbootes

noch zahlreiche andere Konstruktionen erprobte – so bauten zum Beispiel einige Küsten-Bezirksvereine an der Ostsee in eigener Regie abgewandelte Formen ihrer regional gebräuchlichen Fischerboote –, kam man dennoch wieder auf den Francis-Typ zurück. Allerdings wurde er im Laufe der Zeit umfangreichen baulichen Änderungen unterworfen, so daß nach und nach Fahrzeuge entstanden, die mit dem ihnen zugrundeliegenden Francis-Boot eigentlich nur noch gemein hatten, daß ihr Rumpf ebenfalls aus kanneliertem Stahlblech bestand.

Die wesentlichen Impulse für eigene deutsche Weiterentwicklungen kamen von den Inspektoren der DGzRS, die durch den unmittelbaren Kontakt zu den von ihnen regelmäßig bereisten Rettungsstationen die Bedürfnisse der Praxis aus eigener Anschauung und Erfahrung am besten beurteilen konnten. Zur Auswertung ihrer Erkenntnisse zogen sie die Schiffbaumeister Kirchhoff in Stralsund sowie Havighorst in Rönnebeck bei Bremen heran. Während Kirchhoff vorwiegend schöpferisch für die Erstellung der Konstruktionsunterlagen verantwortlich zeichnete, wurde Havighorst mit seinem offenbar leistungsfähigeren Werftbetrieb zum hauptsächlichen Bootslieferanten der Gesellschaft.

Im gutgemeinten Streben nach weitmöglicher Perfektion geriet man allerdings zunächst in eine Sackgasse, weil man allzusehr bemüht war, den individuellen Wünschen und Forderungen der einzelnen Be-

zirksvereine Rechnung zu tragen. Eine Zeitlang gab es daher in der deutschen Rettungsflotte zahlreiche unterschiedliche Ausführungen von Booten aus kanneliertem Stahlblech in zehn verschiedenen Größen zwischen 20 und 32 Fuß Länge. Erst gegen Ende der 70er Jahre kristallisierte sich ein einheitliches Standardmodell heraus, das in der Folgezeit die Typenvielfalt ablöste und auch im Ausland Beachtung fand.

Das sogenannte "Deutsche Normalrettungsboot" maß – inzwischen war man zum metrischen System übergegangen – achteinhalb Meter in der Länge bei einer Breite von 2,55 Meter. Mit voller Ausrüstung und Besatzung (zehn Mann, davon acht Ruderer) wog es nur 1350 Kilogramm und hatte nicht mehr als 35 Zentimeter Tiefgang. Für Stationen mit extrem flachem Strand sowie in dünn besiedelten Gebieten, wo weniger Mannschaften zur Verfügung standen oder wo sich die Gestellung von Spanndiensten zum Transport des Bootswagens als schwierig erwies, gab es den Standardtyp in einer kleineren und leichteren sechsriemigen Version. Sie wog bei siebeneinhalb Metern Länge und 2,45 Metern Breite einschließlich Ausrüstung und Besatzung nur ca. 1000 Kilogramm, der Tiefgang betrug lediglich 30 Zentimeter. Anstatt eines Kiels hatten die Boote bei flachem Mittelboden eine sieben Zentimeter starke Kielsohle, deren Breite in der Mitte 40 Zentimeter betrug und nach vorn und achtern verjüngend in die Steven überging. Kam das Boot auf Grund, blieb es auf dieser "Kielplanke" stets aufrecht stehen, ohne auf die Seite zu kippen und voll Wasser zu schlagen. Beide Typen des "Deutschen Normalrettungsbootes" waren speziell für den – an den flachen deutschen Küsten überwiegenden – Einsatz über den freien Strand vorgesehen und konzipiert.

Der oftmals kilometerweite Transport bis zum Wasser erfolgte auf einem eigens dafür konstruierten "Transport- und Ablaufwagen", auf welchem das Boot im Schuppen in ständiger Bereitschaft gehalten wurde. Der Wagen war nach den Direktiven der DGzRS durch den Wagenbauer F.K. Stilkenboom in Süderneuland bei Norden/Ostfriesland entwickelt worden und wurde in den meisten Fällen auch von ihm hergestellt. Das Gefährt wog 900 Kilogramm und war im Grunde nichts anderes als eine fahrbare Helling, die zugleich als Slipanlage verwendet werden konnte.

Im Einsatzfall wurde der Wagen mit dem Boot durch Pferde an eine geeignete Stelle des Strandes gezogen und dort im Wasser gewendet. Durch einfaches Herausnehmen eines Bolzens wurde dann der Vorderwagen von dem auf ihm liegenden Ende der Helling gelöst. Dank ihres gut ausgewogenen Schwerpunktes konnte die Helling ohne große Mühe um die Hinterachse des Wagens nach rückwärts gekippt werden und bildete eine schiefe Ebene, auf welcher das Boot über die in der Helling eingebauten Rollen ins Wasser glitt. Aufgeholt wurde das Boot im umgekehrten Sinne mit Hilfe einer am Wagen angebrachten handlichen Winde.

Das "Deutsche Normalrettungsboot" war sowohl zum Rudern als auch zum Segeln eingerichtet. Beim Segelbetrieb wurde der fehlende Kiel durch ein sogenanntes Stechschwert, eine ovale Metallplatte, ersetzt.

Die Steuerung des Bootes erfolgte beim Ruderbetrieb – vor allem in der Brandung – vornehmlich mit Hilfe eines "Steuerriemens", wie er schon von den Wikingern verwendet wurde. Durch seitliches Gegenrudern mit dem Steuerriemen konnte der Vormann verhindern, daß das Boot quer zur See kam, wenn es durch rück- oder gegenlaufende Seen außer Fahrt geriet. Zum Segeln und zum Rudern in ruhigerem Wasser verfügte das Boot ferner über ein Steuerruder, dessen Blatt durch eine verschiebbare Hülse aus Eisenblech bei entsprechender Wassertiefe so verlängert werden konnte, daß auch dann noch Ruderwirkung gewährleistet war, wenn der Achtersteven beim Stampfen aus dem Wasser geriet.

Die Unsinkbarkeit des "Deutschen Normalrettungsbootes" wurde einerseits durch einen äußeren Korkgürtel gewährleistet, andererseits durch innen angebrachte Luftkästen, die sowohl in Bug und Heck als auch an den beiden Seiten eingebaut waren. Auf die Fähigkeit der Selbstaufrichtung, wie sie der britische Peake-Typ besaß, wurde beim deutschen Standardrettungsboot verzichtet. Abgesehen davon, daß der dazu erforderliche Eisenkiel und der fest eingebaute zusätzliche Eisenballast das Boot für den Transport in losem Sand zu schwer gemacht hätten, erschien der Wert des selbsttätigen Wiederaufrichtens nach den Erfahrungen, die die DGzRS mit ihren eigenen Peake-Booten gemacht hatte, doch recht fragwürdig. Da die Eigenschaft der Wiederaufrichtung erst nach erfolgtem Umschlagen des Bootes zur Wirkung kam, schloß sie die Gefahr einer Kenterung als solche keineswegs aus.

In den Brandungsgürteln vor den deutschen Küsten mit ihren typischen kurzen Seen wäre aber ein gekentertes Boot längst vom nächsten Brecher überrollt worden, ehe es sich wieder aufrichten, geschweige denn die beim Umschlagen größtenteils außenbords geworfene Besatzung hineinklettern und die Riemen klarmachen konnte, soweit letztere nicht ohnehin beim Kentern weggeschwemmt waren. In England hatten zwischen 1850 und 1880 in solchen oder ähnlichen Situationen trotz Selbstaufrichtungsfähigkeit der Boote 54 Rettungsmänner ihr Leben verloren. Auch in Deutschland war ein Opfer zu beklagen, als das Peake-Boot der Station Horumersiel am 26. Dezember 1880 bei einer unter Segeln erfolgten Rettungsfahrt so unglücklich kenterte, daß der Mast im Grund steckenblieb und das Fahrzeug am Wiederaufrichten hinderte. Zurecht hielt deshalb die DGzRS die Eigenschaft des selbsttätigen Wiederaufrichtens für entbehrlich und setzte stattdessen alles daran, ihren Booten ein Höchstmaß an Stabilität, d.h. Kentersicherheit zu verleihen.

Eine Spezialausführung des deutschen Standardrettungsbootes war das sogenannte "tragbare Eisboot", das um 1883 durch den bereits erwähnten Schiffbaumeister Kirchhoff in Stralsund ent-

# "...gerade im Begriff, 2 Menschen zu retten, wären beinahe 7 Mann verloren gewesen..."

## *Der Ortsausschuss der Station Horumersiel berichtete:*

Am 26. December 1880, Morgens gegen 8 Uhr, brachte der Arbeiter C. E. Behrens aus Schillig die Nachricht, dass ein Schiff auf Minsener Olde Oog gestrandet sei. Sogleich wurde die Bootsmannschaft beordert, das Rettungsboot zu Wasser zu lassen, und um 8 1/2 Uhr vollständig bemannt und ausgerüstet von hier abgefahren.

Es war recht stürmisches Wetter und sehr hoher Seegang. Gegen 11 Uhr war das Boot in der Nähe des gestrandeten Schiffes, von welchem noch der Mast über Wasser war.

Von der Mannschaft war Nichts zu sehen. Das Boot kam zurück bis gegen Schillighörn, wo vom Leuchtthurm aus mitgetheilt wurde, dass auf der Rettungsbaake – auf dem Minsener Olde Oog – eine Flagge wehe, worauf das Boot wieder zurückkehrte. Es wurde gesehen, wie dasselbe zwischen 2 und 3 Uhr vor und in der Brandung, die sehr stark war, arbeitete. Von da an wurde es zu dunkel, um von hier aus den weiteren Verlauf zu verfolgen.

Den ganzen Abend und die ganze Nacht wurden Signallaternen ausgehängt, aber vergebens wurde die Rückkehr des Bootes erwartet, und da auch am anderen Tage weder Boot noch Nachricht kam, war hier Alles in Aufregung und Besorgniss. Endlich Abends 7 Uhr kam ein Wagen von Wilhelmshaven und brachte die Mannschaft, aber leider fehlte der Ruderer A. Harms. Der Vormann wie auch die andere Mannschaft, welche noch im nassen Zeuge und sehr ermattet waren, meldeten wie in dem anliegenden Berichte des Vormanns angegeben.

Eine mühevollere und gefährlichere Rettungsfahrt ist wohl noch nicht gemacht worden; gerade im Begriff 2 Menschen zu retten, wären beinahe 7 Mann verloren gewesen.

Es ist Zufall, dass die 6 Mann, welche über 5 Minuten im Wasser gehangen, sich noch halten konnten, als der Mast unter dem Boote brach, woran auch das Ankertau befestigt gewesen, so dass das Boot sich mit einem starken Ruck aufrichtete und nun ohne Anker ein Spiel der Wellen wurde. Alles, was im Boote gewesen, ist verloren. Das gestrandete Schiff war die Deutsche Tjalk "Freundschaft", Kapitän H.H. Wilms, aus Carolinensiel mit Steinen von Varel nach Carolinensiel bestimmt.

## *Der Vormann Tiarks berichtete über diesen Unglücksfall:*

Den 26. December, Morgens 8 Uhr, kam Nachricht, dass ein Schiff auf Minsener Olde Oog sitze. Nachdem der Vorstand davon in Kenntniss gesetzt war, verliess das Rettungsboot um 8 1/2 Uhr den Hafen, war um 9 Uhr in der Jade und um 11 1/2 Uhr unter Minsener Olde Oog. Das Schiff war unter Wasser, keine Nothflagge und keine Leute.

Steuerten wieder auf das Horumersieler Tief zu, waren um 12 1/2 Uhr dem Leuchtthurm Schillighörn gegenüber, wo uns mitgetheilt wurde, dass die Leute auf der Rettungsbaake Minsener Olde Oog sässen, kehrten wieder um, waren um 3 Uhr bei Minsener Olde Oog, wo uns die 2 Leute schon entgegenkamen.

Die Brandung war hoch, liessen Segel herunter und Anker fallen, um rückwärts in die Brandung zu gehen. Mit dem Befestigen der Rettungsbojen, welche den Beiden zugeworfen werden sollten, beschäftigt, kenterte uns das Boot, wir hingen alle 7 an Backbord, das Boot wollte nicht wieder aufstehen. Ich riss meine Korkjacke und was ich konnte vom Leibe und kam mit Hülfe des Ruderers Eden auf das Boot, worauf ich 2 Ruck auf den Kiel that, das Boot wieder recht fiel und wir 6 Mann uns wieder ins Boot arbeiteten; der Ruderer A. Harms hatte sich losgelassen und trieb noch in der Brandung, wir hatten alles Inventar verloren bis auf das Segel, konnten also nicht mehr helfen, setzten das Segel so gut wir konnten und steuerten die Jade auf, kamen des Abends 11 Uhr bei Eckwarden an den Deich, wo wir freundliche Aufnahme bei dem Arbeiter Heitmann fanden, den andern Morgen fuhren wir mit der Fähre nach Wilhelmshaven, wo Herr Lootsen-Kommandeur von Krohn uns einen Wagen gab, welcher uns nach Horumersiel brachte, wo wir um 7 Uhr Abends ankamen. Die Schiffbrüchigen wurden von dem Rettungsboote der Station Wangeroog gerettet. Auch von den Rettungsböten zu Carolinensiel, Hooksiel und Fedderwardersiel wurden sehr beschwerliche Rettungsfahrten unternommen, welche theils 24 Stunden und darüber währten.

wickelt wurde. Es fand in der Regel auf besonders vereisungsgefährdeten Stationen als Zweitboot Verwendung und erlaubte Rettungseinsätze auch dann, wenn in strengen Wintern der Weg zur Unfallstelle durch ausgedehnte Treib- und Packeisfelder versperrt war, die vom normalen Rettungsboot nicht durchstoßen oder umfahren werden konnten.

Da die Oberfläche der Eisfelder durch strömungsbedingte Verschiebungen oftmals sehr uneben gestaltet war, konnte das Boot auf dem Eis nicht durch Segel fortbewegt, sondern mußte von der Besatzung gezogen beziehungsweise geschoben werden. Erreichte man dabei eine Lücke mit freiem Wasser, wurde das Boot flottgemacht und gerudert, um beim nächsten Eisfeld mit Hilfe eines Hauankers und eines Flaschenzuges erneut aufs Eis gezogen zu werden. Es ist klar, daß diese mühsame Art der Fortbewegung ein besonders leichtes und handliches Fahrzeug erforderte, das einerseits als "Schlitten", andererseits als Boot verwendbar war. Das "Eisboot" war daher nur fünf Meter lang, wog nicht mehr als 750 Kilogramm und führte lediglich zwei Riemen.

Wie beide Versionen des "Deutschen Normalrettungsbootes" war es aus kanneliertem Stahlblech hergestellt, jedoch vorn und achtern etwas voller gehalten, um bei den nur geringen Abmessungen mehr Tragfähigkeit zu erzielen. An beiden Seiten der Kielsohle waren tiefer reichende Schlittenkufen angebracht, die jeweils mit einem sogenannten "Eisschwert" versehen waren, einem messerartig geschliffenen

Hebel, der heruntergedrückt werden konnte und das Boot auf glatten, ebenen Eisflächen in der Spur hielt.

Von der allgemeinen Umstellung auf die beschriebenen Standardtypen beziehungsweise Modifikationen des "Deutschen Normalrettungsbootes" blieben lediglich die Stationen Büsum, Cuxhaven, Dorumertief und Wremertief ausgenommen. Bei ungünstiger Konstellation von Gezeiten und Wassertiefen waren die Besatzungen nicht selten gezwungen, 24 Stunden und länger im Boot zuzubringen. Bis über die Jahrhundertwende hinaus war dort ein größerer Bootstyp rein deutscher Provenienz stationiert, der ausschließlich zum Segeln ausgestattet war und über gedeckte Räumlichkeiten sowohl für die Mannschaft als auch für die Geretteten verfügte. Der Prototyp des reinen Segelrettungsbootes wurde bereits 1868 durch den Harburger Schiffbaumeister Kruse nach dem Vorbild der äußerst seetüchtigen Helgoländer Schellfisch-Schaluppe für die DGzRS in Holz gebaut. Er war zehn Meter lang, hatte eine Kutterbesegelung und verfügte über eine Selbstlenzeinrichtung. Während die ab Anfang der 70er Jahre in Büsum, Dorumertief und Wremertief stationierten Segelrettungsboote im wesentlichen diesem Prototyp entsprachen und ebenfalls aus Holz gebaut waren, bestand der Rumpf des Cuxhavener Bootes aus kanneliertem Stahlblech.

Als 1883/84 die Boote in Büsum und Dorumertief durch Neubauten ersetzt werden mußten, beauftragte die DGzRS übrigens erstmals die Schiffs- und Bootswerft Fr. Schweers in Barden-

fleth/Weser, die nach dem Zweiten Weltkrieg zur "Hauswerft" für den modernen Seenotkreuzer werden sollte.

Die Epoche der deutschen Ruder- und Segelrettungsboote dauerte rund 60 Jahre. Sie wurde anschließend allmählich durch die etwa 1925/26 einsetzende Motorisierung der DGzRS-Flotte abgelöst. Als 1939 der Zweite Weltkrieg ausbrach, verfügte die Gesellschaft mit ihren 101 Stationen zwischen Borkum und Memel bereits über 40 Motorrettungsboote, aber noch immer standen 52 Ruderrettungsboote im aktiven Dienst. An der Nordseeküste, wo alle wichtigen Stationen bald nach Kriegsbeginn vordringlich mit motorisierten Einheiten ausgestattet wurden, dienten die noch vorhandenen "Oldtimer" zwar lediglich als Einsatzreserve, aber auch in dieser Funktion erfüllten sie durchaus wichtige Aufgaben, insbesondere dann, wenn die auf vorgeschobener Seeposition stehenden Motorrettungsboote bei Seenotfällen in Küstennähe nicht verfügbar waren. So zum Beispiel am 5. März 1942, als ein Vorpostenboot der Kriegsmarine bei Schneesturm vor der von Packeis eingeschlossenen Insel Langeoog strandete und hoffnungslos im Mahlsand festkam. Da das dort stationierte Motorrettungsboot "Hamburg" sich unter der Führung seines Stellvertreters auf Seeposition befand, brachte Vormann Hillrich Kuper das als Reserve verfügbare 55 Jahre alte Ruderrettungsboot "Reichspost" mit Hilfe von 8 Pferden und 40 Soldaten unter unsäglichen

Mühen über Schneewehen und angetriebene Eisschollen hinweg zum Wasser und fuhr mit elf Freiwilligen bei klirrender Kälte und Schneetreiben hinaus zum Havaristen. Erst acht Stunden später – und unter kaum vorstellbaren Strapazen – erreichten die Retter mit 12 abgeborgenen Schiffbrüchigen die von einer breiten Packeisbarriere umschlossene Ostspitze der Nachbarinsel Baltrum. Hier mußte man das Boot aufgeben und die letzten 60 Meter, über schwimmendes, brüchiges Eis hinweg, kriechend beziehungsweise robbend zurücklegen, wobei die längsgelegten Riemen als Halt dienten.

Der Einsatz der Männer vor Langeoog, die dafür alle mit der Rettungsmedaille ausgezeichnet wurden, war die letzte spektakuläre Aktion eines deutschen Ruderrettungsbootes.

Weitgehend unbekannt blieb das Schicksal der 36 Ruderrettungsboote, die 1945 noch in den abgetrennten Ostgebieten stationiert waren. Für den Bereich der heutigen Bundesrepublik spricht demgegenüber der DGzRS-Jahresbericht 1948 zwar noch von 14 einsatzbereiten Ruderrettungsbooten, erwähnt aber zugleich, daß neun davon im selben Berichtsjahr durch Verkauf abgeschafft wurden. Heute existieren nur noch drei Exemplare des einst so populären "Deutschen Normalrettungsbootes", davon eines im Deutschen Schiffahrtsmuseum in Bremerhaven, das andere im zum Museum umgebauten DGzRS-Rettungsschuppen auf Norderney; das dritte Boot, steht im Borkumer Inselmuseum.

# HOSENBOJEN UND RAKETEN

Trotz Unsinkbarkeit, Kentersicherheit und Selbstlenzeinrichtung blieb der Einsatz von Ruderrettungsbooten – vor allem bei Sturm und Brandung – stets mit erheblichen Gefahren für die Besatzung verbunden. Der Gedanke lag daher nahe, daß dieses Risiko in vielen Fällen vermieden werden könne, wenn es gelänge, vom Ufer aus eine Leinenverbindung zum gestrandeten Schiff herzustellen und mit ihrer Hilfe die Besatzung ohne Einsatz von Rettungsbooten abzubergen.

Die ersten bekannt gewordenen Versuche in dieser Richtung wurden 1785 durch den Tuchmacher E.F. Schäfer im pommerschen Kolberg angestellt. Schäfers Idee bestand darin, eine Kanonenkugel mit daran befestigter Leine so über ein Schiff zu schießen, daß die Leine von der Besatzung wahrgenommen wer-

den konnte. Wie er sich die anschließende Abbergung Schiffbrüchiger vorstellte, ist nicht überliefert. Wahrscheinlich ging es ihm lediglich darum, überhaupt erst einmal eine Verbindung zwischen Schiff und Land herzustellen. Er machte allerdings den Fehler, seine Idee nicht Seeleuten, sondern Artillerieoffizieren der preußischen Armee vorzuführen. Diese wußten seine Erfindung in ihrem landkriegstaktischen Denken nicht unterzubringen und erklärten sie für "nicht practicabel", worauf ihr König, Friedrich der Große, Schäfer durch die Blume mitteilen ließ, er solle gefälligst bei seinem "Metier" bleiben. Daß der "Alte Fritz" und seine Kolberger Artilleristen Schäfer Unrecht getan hatten, erwies sich nur wenig später in England. Dort gelangen nämlich dem Artilleriesergeanten John Bell – vermutlich ohne von seinem preu-

ßischen Vorgänger zu wissen – im Jahr 1791 mit einem Mörser Leinenschüsse über mehr als 200 Meter Distanz. Anders als Schäfer hatte er allerdings bei seinen Versuchen von vornherein die Rettung Schiffbrüchiger im Auge, die nach seinen Vorstellungen mit der hinübergeschossenen Leine auf einem schnell gezimmerten Floß ans Ufer gezogen werden sollten.

Das Verdienst, dem Leinenschießverfahren in der Seenotrettung letztlich zum Durchbruch verholfen zu haben, kommt aber zweifellos dem britischen Hauptmann und Kaserneninspektor George William Manby zu. In seinem Standort Yarmouth an der stürmischen britischen Ostküste wurde er im Februar 1807 Augenzeuge, wie bei der Strandung der Brigg "Snipe" nur 60

Meter vom Ufer entfernt 67 Menschen den Tod fanden, weil alle Anstrengungen, eine Rettung durch Boote zu versuchen, in der mörderischen Brandung scheiterten. Dieses Erlebnis scheint bei ihm die Idee des Leinenschießens ausgelöst zu haben. Es wurde zwar nie ganz geklärt, ob ihm bekannt war, daß vor ihm Bell und Schäfer bereits den gleichen Gedanken gehabt hatten. Immerhin kam er aber als erster auf die auch von Bell nicht gefundene Lösung, die hinübergeschossene Leine nicht unmittelbar zur Abbergung der Schiffbrüchigen zu verwenden, sondern mit ihrer Hilfe zunächst ein stärkeres Tau als "Standverbindung" zwischen Ufer und Wrack zu spannen, an welchem das Rettungsfloß gesichert und geführt sowie bei Bedarf ohne nochmaligen Leinenschuß erneut hin- und hergeholt werden konnte. Nach ausgedehnten Versuchen, bei denen er sich aufgrund seiner Dienststellung weitgehend der Einrichtungen des örtlichen Artilleriearsenals bedienen konnte, übergab Manby sein Verfahren an die Suffolk Humane Society, die damals in Yarmouth als lokale Vereinigung die Rettung Schiffbrüchiger betrieb. Schon im Februar 1808 zeigte sich der erste Erfolg: Mit Hilfe des Manby-Mörsers konnten von einer gestrandeten Brigg namens "Elizabeth" sieben Menschen gerettet werden. Dadurch aufmerksam geworden, übernahmen dann nach und nach weitere britische Rettungsstationen den Manby-Mörser, und auch auf dem europäischen Kontinent fand er bis zur Mitte des 19. Jahrhunderts zunehmend Verwen-

dung. Trotz beachtlicher Erfolge waren allerdings die Mängel des Manby-Verfahrens nicht zu übersehen. So erwies sich einerseits, daß der Mörser wegen seines beträchtlichen Gewichts und seiner Unhandlichkeit in unwegsamem Gelände – insbesondere auf lockerem Sand – schlecht zu transportieren und in geeignete Feuerstellung zu bringen war. Andererseits war bei dem verwendeten Artilleriegeschoß das Risiko des Brechens (=Reißens) der Schießleine relativ groß, weil durch das explosive Abbrennen der Treibladung ein plötzlicher Ruck auf die Leine ausgeübt wurde.

*Leinenwagen mit Raketenapparat*

In Deutschland kam um 1870 der Berliner Ingenieur Brückmann auf den Gedanken, als Leinengeschoß eine Art abgerundeten Diskus zu verwenden. Tatsächlich konnte er dadurch die Anfangsgeschwindigkeiten auf ein Viertel derjenigen einer Kugel reduzieren und somit die Gefahr eines Brechens der Schießleine beträchtlich vermindern. Wegen der geringeren Anfangsgeschwindigkeit erreichte Brückmann allerdings nur unbefriedigende Schußweiten von maximal 300 bis 350 Metern. Bessere Resultate erzielte sein Zeitgenosse H.G. Cordes, ein Büchsenmacher aus Bremerhaven. Er feuerte aus seinem Mörser ein

"Langbolzengeschoß" ab und erreichte eine Steigerung der Schußweite bis auf 570 Meter, ohne daß Leinenbrüche auftraten.

Cordes hatte damit zwar einen gravierenden Nachteil des Manby-Mörsers behoben, und er fand mit seinem Leinengeschütz, das er u.a. auf internationalen Ausstellungen in Moskau (1873), Wien (1873) und Brüssel (1876) zeigte, auch durchaus Interesse und Anerkennung. Inzwischen war jedoch dem Rohrwaffengeschoß als Leinenträger eine ernstzunehmende Konkurrenz in Gestalt einer Rakete entstanden. Diese startet durch das allmähliche Abbrennen des von ihr selbst mitgeführten Treibsatzes relativ langsam und steigert ihre Geschwindigkeit erst im Verlauf des Fluges, so daß eine nachgezogene Leine keiner plötzlichen Überbeanspruchung ausgesetzt ist. Das Prinzip war bereits seit langem bekannt. Auf die Idee, es zur Herstellung einer Leinenverbindung zu gestrandeten Schiffen zu benutzen, kam aber um 1820 erstmals der Engländer Henry Trengouse. Er war von diesem Projekt so besessen, daß er sein ganzes Vermögen in jahrelange Versuche steckte und schließlich am Bettelstab ging, wobei er bis zuletzt felsenfest daran glaubte, daß eines Tages seine Raketen an den Küsten aller Länder der Welt Verwendung finden würden. Die Entwicklung war jedoch längst über ihn hinweggegangen und hatte nicht nur in seiner Heimat England, sondern auch auf dem europäischen

## "Ich werfe die 6. Rakete, sie trifft und hakt, als angezogen wird, auch am Wrack fest."

Am 11. Octbr. 1870 gelang der Station Prerow eine Rettung. Bei dem schweren N.N.W. Orkan war hier auf dem sogenannten Kirchenorte die nordd. Schaluppe Helene, Kapt. Voß, 19 1/2 Last groß und 25 Jahre alt, von Fanö nach Lübeck mit Kalksteinen bestimmt, auf den Strand gekommen; die drei Mann starke Besatzung hatte sich, da die Wellen gleich über das Schiff hinweggingen, in die Wanten geflüchtet; Morgens gegen 6 Uhr ging dem Stationsvorstand diese Nachricht zu.

"Ich begab mich", so heißt es im Berichte des Vorstehers, "eiligst zur Strandungsstelle, indem ich nach allen Seiten Ordre sandte, mir junge kräftige Leute nachzuschicken. Schnell war auch die Bootsbesatzung zusammen und da der Befehlshaber des Rettungsbootes, Kapt. Bierow, abwesend war, übernahm dessen Schwiegersohn, Steuermann Schubbe, die Führung. Die Pferde, die hier Nachts in eine Waldkoppel gebracht werden, ließen zu lange auf sich warten und so wurde das Boot durch Menschenhände aus dem Schoppen an den Strom gefahren und schnell zu Wasser gebracht. Fort schoß es aus der Strommündung und quer durch die Brandung auf das Wrack zu.

Ziemlich nahe beim Schiffe läßt die Besatzung den Anker fallen, er hält aber nicht früh genug; die Ruderer haben die größte Mühe, vom Wrack frei zu kommen. Das Boot schlägt voll Wasser, eine See nach der anderen kommt über; das Ankertau bricht, sie treiben beim Wrack vorbei und die armen Leute, die nach ihrer späteren Aussage schon seit Abends (Oct.10.) 10 1/2 Uhr in den Wanten saßen, müssen noch länger ausharren. Natürlich wurden sofort wieder die angestrengtesten Versuche gemacht, mit dem Boote an das Wrack zu kommen, aber immer vergebens, da die furchtbare Strömung und hohe Brandung jede Annäherung nach dem Wrack vereitelten. Inzwischen waren auch Pferde angekommen und ließ ich den Raketen-Apparat zur Stelle schaffen, mit welchem das Leinenwerfen sofort begann. Nach drei vergeblichen Schüssen zersprang die 4. Rakete auf dem Gestell. Beim 5. Wurf fiel die Leine auf das Wrack; einer der Schiffbrüchigen langte mit dem Fuße darnach, erreichte sie aber nicht und so glitt sie am Stengenstag nieder in die See. Ich werfe die 6. Rakete, sie trifft und hakt, als angezogen wird, auch am Wrack fest. Schnell noch eine Besatzung, größtentheils frische Leute, da von den anderen die meisten durchnäßt und erstarrt waren, in das Boot. Kräftig wird die Leine erfaßt, die Riemen helfen und glücklich wird das Wrack erreicht. Der Strand steht voller Menschen und aller Herzen klopfen. 'Einen haben sie!' 'Sie haben schon den Zweiten!' Aber nun eine bange Pause. Der Dritte ist schon zu schwach und kann sich kaum noch bewegen, er wurde bereits lange von einem seiner Leidensgenossen festgehalten. Die See bricht furchtbar beim Wrack und stürzt über das Boot. Die Wanten reißen los, der Mast muß fallen. Sie kommen Alle um! Nein, nein, sie haben auch den Dritten, und fort geht´s von der grausigen Stelle dem Lande zu, wo Alle die Mützen und Südwester ziehen und das Rettungsboot mit Hurrah empfangen. Zehn Minuten später stürzt der Mast und die 'Helene' ist in den Wellen begraben. Die Geretteten aber sind inzwischen nach den nächsten Häusern gebracht, wo sie nach Anlegung trockener Kleidung und dem Genusse einiger Tassen Kaffee bald eines ruhigen Schlafes sich erfreuten und rasch sich erholten."

Kontinent zu Leinenraketen und Schießgeräten geführt, die seinen Modellen hinsichtlich Leistung und Handhabung überlegen waren.

Auch in Deutschland hatten erfolgreiche Versuche mit Leinenraketen stattgefunden – und zwar lange bevor die DGzRS gegründet wurde. Schon im Jahr 1827 war es zwei preußischen Unteroffizieren in Memel gelungen, eine leinentragende Rakete über die 250 Meter entfernt aufgestellte Nachbildung eines Schiffsmastes hinwegzuschießen. Es ist kaum anzunehmen, daß dieser erfolgreiche Versuch in der Öffentlichkeit unbekannt blieb. Gleichwohl rüstete der damals im Aufbau begriffene staatliche preußische Seenotrettungsdienst seine Leinenschießstationen, davon eine sogar in Memel selbst, nicht etwa mit dieser Rakete aus, sondern beschaffte sich ausnahmslos Manby-Mörser. Offenbar hatte man zur erprobten "knallenden" Artilleriewaffe mehr Vertrauen als zu der neuen Erfindung, die lediglich "zischte" und deshalb wohl Zweifel an ihrer Zuverlässigkeit offen ließ. Auch die privaten Rettungsvereine, die ab 1860 an den deutschen Küsten entstanden, verwendeten dort, wo die Voraussetzungen für den Einsatz von Leinenschießgeräten gegeben waren, nur den Manby-Mörser. Das war in erster Linie an der Ostseeküste der Fall, wo sich Schiffsunfälle im allgemeinen dicht unter Land ereigneten, während an der Nordsee die Gefahrenstellen meist außerhalb

der Reichweite von Leinengeschützen oder -raketen lagen und daher ohnehin nur mit Booten erreichbar waren.

Als dann im Jahre 1865 die Deutsche Gesellschaft zur Rettung Schiffbrüchiger gegründet wurde, übernahm sie zwar zunächst die vorhandenen Manby-Mörser, war sich aber über deren Mängel von Anfang an im klaren. Mit großer Aufmerksamkeit verfolgte deshalb die junge Gesellschaft die inzwischen in Gang gekom-

*Mörser auf Leinenwagen*

mene internationale Raketenforschung für Rettungszwecke und beauftragte schon 1867 das Königlich Preußische Feuerwerkslaboratorium zu Spandau mit der Entwicklung einer funktionssicheren, leistungsfähigen Leinenrakete. Das Endprodukt, zu welchem der Bremer Wagenbauer J.H. Arnholz das erforderliche Schießgestell sowie auch einen Transportwagen konstruiert hatte, erwies sich als so gelungen, daß die Gesellschaft sich Ende der 60er Jahre entschloß, ihre mit Manby-Mörsern bestückten Stationen zusätzlich mit der neuen Rakete auszurüsten. Unbeschadet ihrer Kontakte zu den Spandauer Raketentechnikern förderte die Gesellschaft gleichzeitig den ihr freundschaft-

lich verbundenen Büchsenmacher H.G. Cordes bei seinen Arbeiten zur weiteren Vervollkommnung von Leinenschießverfahren mittels Rohrwaffen. Das besondere Interesse galt dabei allerdings weniger dem in Konkurrenz zur Spandauer Rakete stehenden Cordesschen Mörser, sondern vor allem einem von ihm um 1868 konstruierten Leinengewehr. Mit doppelter Treibladung und einem 1000 Gramm schweren Langbolzen erreichte man Distanzen bis zu 80 Metern, konnte aber in diesem Fall wegen des starken Rückstoßes das Gewehr nicht aus der Schulter abfeuern, sondern benötigte für die Waffe eine feste Halterung oder mußte sie mit dem Kolben auf den Boden stützen und kniend schießen.

Wegen seiner Handlichkeit eignete sich das Cordessche Leinengewehr besonders für eine Verwendung auf den räumlich beengten, unruhig in der See liegenden Rettungsbooten der Gesellschaft, denen es "vor Ort" die Herstellung einer Leinenverbindung zum Havaristen insbesondere dann erleichterte, wenn bei Sturm und Seegang ein Herangehen des Bootes auf Handwurfweite zu riskant war. Ab Mitte der 70er Jahre bis über den ersten Weltkrieg hinaus gehörte deshalb das Cordes-Gewehr zur Standardausrüstung aller deutschen Rettungsboote und hat sich in all den Jahren bei zahlreichen Einsätzen als zuverlässiges, unentbehrliches Hilfsmittel bewährt. Erst nach 1930 wurde es allmählich durch ein aus der freien Hand abzufeuerndes, pistolenartiges Raketen-Leinenwurfgerät abgelöst.

## "...ging es dann im Trabe der Strandungsstelle zu."

Der Vorsteher des Lokalvereins in Prerow, Herr Navigationslehrer Bathke, berichtete über eine am 21. Decbr. unter ungewöhnlichen Schwierigkeiten ausgeführte Rettung: Bei dem furchtbaren Orkan aus O. z. S. und dem dicken Schneetreiben in der Nacht vom 20. auf den 21. December 1876 hatte nach Aussage des Kapitäns und der Besatzung die Brigg "Muxel", aus Stettin, mit Kohlen auf der Reise von Sunderland nach Stettin, um 2 Uhr Nachts schon aufgestossen (muss auf der Prerow Bank gewesen sein), wobei die Schiffsböte wegschlugen, und war dann um 2 1/2 Uhr auf den Strand gerathen. Bei der schweren Ladung gingen die Wellen bald über das Verdeck hinweg und die Besatzung flüchtete in die Wanten. Nicht lange dauerte es und es wurden leichtere Theile, als Kisten, Bettsäcke etc. von Bord geschlagen und trieben in die sogenannte Lang, eine Bucht östlich von der Darsserortspitze. Sie wurden am Vormittage im Eise treibend bemerkt, und liess uns dies vermuthen, dass ein Schiff verunglückt sein müsse. Zwei flinke Boten

wurden abgeschickt und brachten diese dann auch schon gegen Mittag die Nachricht, dass bei der Ellerbeck eine Brigg mit dem Verdeck unter Wasser läge und die Leute in dem Mast sässen. Da nun die Fuhrleute und Mannschaften hierauf vorbereitet waren, so konnte das Rettungsboot auch schleunigst abfahren; aber das Vorwärtskommen hielt schwer. Mussten Menschen und Pferde im Orte selbst schon oft bis an den Hals in den Schnee hinein, so thürmten sich in den Dünen die Schnee-Schanzen oft häuserhoch vor uns auf. Einer Beschreibung, wie wir dieselben mit 8 Pferden vor dem Boote und Alle Hand mit anlegend durchwühlt haben, ist meine Feder nicht gewachsen. Genug, wir kamen durch und ging es dann im Trabe der Strandungsstelle zu. Hier halfen alle Anwesenden das Boot über die Eisbänke und zu Wasser bringen, und ging dann die Bootsbesatzung hinein. Anfangs schien es, als wenn Strom, Eisschlamm und hauptsächlich das sich an die Reemen setzende Eis das Rettungswerk vereiteln wollten. Mit unendlicher Mühe

wurden jedoch schliesslich alle Schwierigkeiten überwunden und das Schiff erreicht. Hier wurde geankert. Man näherte sich vorsichtig dem Schiffe, an dem eine fürchterliche Brandung stand, und holte die 7 Mann starke Besatzung glücklich aus den Masten des gesunkenen Schiffs. Obgleich die Wellen hierbei mehrere Male über das Boot hinwegbrausten und letzteres oft zu verschwinden schien, so tauchte es doch immer wieder auf und brachte seine sämtlichen Insassen ungefähr um 4 1/2 Uhr Nachmittags an das Land; aber leider einige der Schiffbrüchigen mit erfrorenen Händen und Füssen. Die Verunglückten wurden ins Quartier gebracht und nach Anlegung trockner Kleider durch Speise und Trank erquickt. Auch befinden sich die Kranken jetzt in ärztlicher Behandlung. Die Geretteten sind: Kapitän Wilhelm Schultz aus Stettin, Steuermann Albert Ewert und Matrose August Ewert aus Wollin, Matrose Carl Holz aus Colberg, Jungmann Hugo Albrecht aus Memel, Jungmann Otto Fuchs aus Königsberg, Junge Albert Hildebrandt aus Stolpemünde.

## "... daß der Raketen-Apparat mehr nützen werde..."

Der Vorsteher des Lokalvereins zu Leba, Herr Bürgermeister Pardeike, berichtete: Am 12. Nov. 1876, Vormittags 1/2 10 Uhr, strandete etwa 1/8 Meile westlich von Leba, der Deutsche Schuner "Martha", Kapt. Kohler. Es herrschte Nordwind mit hohem Seegange. Es stellte sich sehr bald heraus, dass der Raketen-Apparat mehr nützen werde als das Rettungsboot. Der Apparat wurde desshalb sofort zur Strandungsstelle geschafft und dem Schiffe die Leine mit dem ersten Schuss zugeworfen. Die Mannschaft, aus 3 Personen bestehend, hatte sich in die Wanten

geflüchtet, um von der Brandung nicht über Bord gespült zu werden. Die Leine war über das Fock des Schiffes geworfen und wurde nun von der Besatzung eingeholt, wobei der Kapitän von der Ruderpinne einen Schlag ans Bein erhielt, der ihn fast dienstunfähig machte. Es gelang der Besatzung nach grossen Anstrengungen das dicke Tau nebst Block an Bord zu holen. Dasselbe aber oben am Maste zu befestigen, dazu waren die Kräfte der Schiffbrüchigen nicht mehr ausreichend, weil der Kapitän in Folge der Beinverletzung die Wanten nicht mehr besteigen konnte. Das Schiff

lag inzwischen mit der Breitseite dem Lande zugekehrt und war jetzt die Möglichkeit vorhanden, die Schiffbrüchigen mit einem Boote zu retten. Es wurde desshalb ein im Strome liegendes Fischerboot des Ferd. Gandtke von demselben und seinen fünf Genossen bemannt und zur Strandungsstelle geschafft. Hier angelangt, arbeiteten sich die Schiffer mit allen Kräften, unter Benutzung der vermittelst des Raketen-Apparates dem Schiffe zugeworfenen Verbindungsleine an Bord und retteten mit eigener Lebensgefahr die Schiffsbesatzung.

Mehrere Jahre hindurch wurden die Vorzüge und Nachteile sowohl des Mörsers als auch der Rakete eingehend getestet und Vergleiche angestellt. Die dabei gewonnenen Erkenntnisse führten Mitte der 70er Jahre schließlich zum definitiven Entschluß der DGzRS, ihre Leinenschießstationen fortan nur noch mit der Spandauer Rakete auszurüsten. Die Gesellschaft hat sich die Entscheidung nicht leicht gemacht. Ausschlaggebend war vor allem die Tatsache, daß die Rakete schußfertig angeliefert wurde, während beim Mörser für jeden Schuß ein umständlicher Ladevorgang erforderlich war, der insbesondere nachts nicht immer mit der notwendigen Präzision erfolgen konnte und bei Regen oder Schnee das Risiko von Versagern wegen feucht gewordenen Pulvers mit sich brachte. Hinzu kam, daß der schwere, kompakte Mörser recht unhandlich und in schwierigem Gelände schlecht in Stellung zu bringen war, während das zusammenklappbare Raketenschießgestell von einem Mann ohne große Mühe über längere Strecken getragen und problemlos an jeder beliebigen Stelle aufgebaut werden konnte.

Die Spandauer Leinenrakete wurde in zwei verschiedenen Größen hergestellt. Der kleinere Typ hatte einen Durchmesser von fünf Zentimetern, wog ca. zehn Kilogramm und trug die neun Millimeter starke Schießleine etwa 300 bis 350 Meter weit. Meistens wurde allerdings die größere Version eingesetzt, die bei acht Zentimetern Durchmesser ein Gewicht von 18 Kilogramm hatte und Schußweiten zwischen 400 und 500 Meter erreichte. Für die Raketenmannschaft bot beim Aufbau des Schießgestells die Schußentfernung weit weniger Probleme als die Schußrichtung, die bei der relativ geringen Fluggeschwindigkeit der Rakete durch Seitenwind ganz erheblich beeinflußt werden konnte. Wenn die Verhältnisse es erlaubten, suchte man den Raketenapparat an einer Stelle aufzubauen, von welcher aus das Geschoß auf seinem Flug direkten Rückenwind hatte. In den meisten Fällen war aber wegen der örtlichen Gegebenheiten der Aufbau günstigstenfalls in mehr oder weniger spitzem Winkel zur Windrichtung möglich, so daß in der Regel ein gewisser Einfluß durch Seitenwind zu berücksichtigen war. Da das gestrandete Schiff in 300 bis 400 Metern Entfernung nur ein sehr kleines Ziel bot, erforderte es vom Vormann viel Erfahrung und Fingerspitzengefühl, den Vorhaltewinkel für die Schußrichtung so zu schätzen, daß sich die hinübergeschossene Leine über den Havaristen legte und von seiner Besatzung wahrgenommen werden konnte.

War der Schuß gelungen, wurden die Schiffbrüchigen durch Handzeichen, Signale oder Zurufe aufgefordert, die Schießleine einzuholen. Mit ihrem Ende gelangte ein Block mit dem darin eingescherten endlosen "Jolltau" zum gestrandeten Schiff. Eine daran angebrachte Segeltuchtafel enthielt in deutsch und englisch die Anweisung, den Block mit Jolltau an der widerstandsfähigsten und sichersten Stelle (z.B. Mast, Aufbauten o.ä.) möglichst hoch zu befestigen. War das geschehen, verholte die Rettungsmannschaft von Land her mittels des im Block laufenden Jolltaus das 30 Millimeter starke "Rettungstau" zum Havaristen, wo es – ebenfalls anhand einer mehrsprachigen Schrifttafel – von der Besatzung knapp oberhalb des Jolltaus festgemacht werden mußte. Am Strand wurde darauf das Rettungstau über einen aus starken Rundhölzern errichteten dreibeinigen Bock gelegt, damit es die erforderliche Arbeitshöhe bekam.

Auf dem Rettungstau lief eine Kausch, an der die "Hosenboje" hing, die mit Hilfe des endlosen Jolltaus von der Rettungsmannschaft zwischen Ufer und gestrandetem Schiff hin- und hergezogen werden konnte. Die Hosenboje bestand aus einem normalen Kork-Rettungsring, an dessen Unterseite sich ein beinkleiderartiger Anhang aus Segeltuch befand. Dieses Gerät wurde allerdings erst Anfang der 70er Jahre durch den britischen Leutnant Kisbee erfunden. Zuvor hatte man beim Einsatz von Raketenapparaten mit einem "Rettungskorb" gearbeitet, während bei der Verwendung von Leinenmörsern – auch in der 1870 von Cordes verbesserten Version – die Abbergung von Schiffbrüchigen vornehmlich noch in einem hin- und hergezogenen, geschlossenen Boot erfolgte.

Die komplette Ausrüstung einer Raketenstation hatte ein Gesamtgewicht von ca. 600 kg und wurde ursprünglich auf einem einzigen zweispännigen Wagen transportiert, den J.H. Arnholz Anfang der 70er Jahre konstruiert hatte. Es zeigte sich jedoch, daß das Gefährt für lockeren Sand zu schwer war. Im Auftrag der DGzRS entwickelte Arnholz deshalb 1876/77 zwei kleinere vierrädrige, ebenfalls zweispännige Wagen, auf die die Ausrüstung einer Raketenstation gleichmäßig verteilt und somit leichter transportiert werden konnte. Für die schmalen, unwegsamen Nehrungen der ostpreußischen Küste waren allerdings selbst diese Wagen ungeeignet, zumal dort in der Regel keine Pferde verfügbar waren. Ersatzweise kam eine "tragbare" Version der Raketenausrüstung zum Einsatz.

Bei den sogenannten "Doppelstationen", die sowohl für Raketenapparate als auch für den Bootseinsatz eingerichtet waren, umfaßte die Flugkörper-Komponente zusätzlich noch eine Anzahl "Ankerraketen". Diese Sonderform wurde nicht zur Herstellung einer Leinenverbindung mit einem gestrandeten Schiff verwendet, sondern diente bei reinen Bootseinsätzen als Hilfsmittel zur Überwindung der Bran-

dung bzw. zur Erleichterung des Abkommens vom Strand. Der Kopf des 8-cm-Flugkörpers trug als Vorderbeschwerung statt der für "Rettungsraketen" typischen wulstartigen Verdickung einen vierarmigen draggenförmigen Anker. Man schoß die Rakete gegen die anlaufende See möglichst über die Brandungszone hinaus und nahm das Ende der Schießleine mit ins Boot. An ihr zogen die vordersten vier Mann der Besatzung das Boot gegen die Brandung Richtung See, während die übrigen Männer an den Riemen blieben und durch Rudern oder Staken nachhalfen.

Rund 60 Jahre lang verwendete die DGzRS auf ihren Leinenschießstationen ausschließlich die Spandauer Rakete. Zwar fiel nach dem Ersten Weltkrieg das Königlich Preußische Feuerwerkslaboratorium als Lieferant aus, der angelegte Raketenvorrat gestattete es jedoch, noch geraume Zeit von der Substanz zu

zehren. Erst gegen Ende der 20er Jahre begann man, sich Gedanken über die Ersatzbeschaffung für verschossene Flugkörper zu machen.

Es lag zunächst nahe, die bewährte Spandauer Rakete, mit deren Handhabung die Rettungsmänner vertraut waren, durch einen anderen Hersteller einfach nachbauen zu lassen, um die vorhandenen Schießgestelle weiter verwenden zu können. Der Versuch eines solchen Nachbaus durch den Bremerhavener Pyrotechniker Friedrich Wilhelm Sander, der 1920 den Betrieb des Büchsenmachers Cordes übernommen hatte, schlug jedoch fehl. Statt dessen gelang es Sander aber, mit finanzieller Hilfe der DGzRS eine Rakete eigener Provenienz zu entwickeln, die bei nur 5,2 Kilogramm Gewicht die gleiche Schußweite erzielte wie das dreimal so schwere Spandauer Geschoß und diesem in bezug auf die Treffsicherheit sogar noch überlegen war. Etwa ab Mitte der 30er Jahre begann die Gesellschaft, die Verwendung von Last-

*Geländegängiger LKW mit Kettenantrieb als mobile Raketenstation*

## "... die Wagen... mit Pferden bespannt und nach der Strandungsstelle gefahren..."

Der Vormann der zum Bezirksverein Stralsund gehörigen Rettungsstation Zingst berichtete über eine glücklich ausgeführte Rettung aus Seegefahr Folgendes:

Am 17. September 1877, etwa 3 Uhr Morgens, wurde ich mit der Nachricht geweckt, dass in geringer Entfernung vom Dorfe Zingst, westlich von demselben, ein Schiff auf den Strand geraten sei. Ich gab sofort den Auftrag, Fuhrleute und Mannschaft zu wecken und nach dem Rettungsschuppen, wohin ich mich eiligst begab, zu beordern. Hier angekommen, fand ich bereits den etwas früher benachrichtigten Strandvogt mit einigen Leuten am

Rettungsboote thätig und da inzwischen auch die Fuhrleute eintrafen, so wurde der Wagen des Bootes mit vier, der des Raketenapparates mit zwei Pferden bespannt und nach der Strandungsstelle gefahren. Es gelang dem Strandvogt, obgleich die See sehr hoch ging, mit dem

Boote abzukommen, und trotzdem das Schiff in der Brandung lag, dasselbe zu erreichen.

Es wurde nun der eine der Wurfdraggen über das Bugspriet, der andere über die Riegelung des Schiffes geworfen, nur so konnte das Boot fest und trotz der heftigen Westströmung frei vom Schiffe gehalten werden. Auch gelang es dann, die aus 3 Mann bestehende Besatzung des Schiffes, so wie die Frau des Schiffers glücklich ins Boot aufzunehmen und zu landen.

Das Schiff ist die deutsche Galeas "Margaretha", Kapitän Köhler, mit einer Ladung Stückgüter von Hamburg nach Danzig bestimmt.

## "... verhinderte die furchtbare Brandung die Annäherung des Rettungsbootes..."

Herr Hafenmeister Polack aus Cuxhaven berichtete: Am 16. Sept. 1877, 11 1/2 Uhr Vormittags, erhielt ich von Neuwerk ein Telegramm, dass zwei Schiffe auf Wittsand gestrandet seien, zugleich mit dem Ersuchen, die Station Duhnen zu benachrichtigen, da man in der nebligen Luft die Signale zwischen der Insel Neuwerk und Duhnen nicht erkennen könne. Ich sandte sofort einen reitenden Boten nach dem Vogt in Duhnen, welcher in der That auch noch nichts von einer Strandung erfahren hatte. Sofort wurde das Duhner Rettungsboot "Ernst Merch" durch 6 Pferde soweit als möglich ins Watt gefahren und der Versuch gemacht, die Unglücksstelle zu erreichen. Jedoch erst am 17. September, um 8 Uhr Morgens, sollte dies gelingen. Das verunglückte Schiff war der Deutsche Dampfer "Adler", mit Holz von der Ostsee nach Wilhelmshaven bestimmt. Er war bereits am 16. September, Morgens 8 Uhr,

bei starkem N-W Sturm gestrandet; die Brandung war sofort über das Schiff gestürzt und hatte alles auf dem Deck Befindliche sowie auch die Böte mit fort gerissen, während es der Besatzung nur mit genauer Noth gelungen war, sich in die Masten zu flüchten. Mit eintretender Ebbe hatte die Besatzung auf Deck kommen können, doch nichts Geniessbares mehr im Schiff vorgefunden. Bei der zweiten Flut hatte die Besatzung trotz der Befürchtung, dass die Masten über Bord schlagen würden, abermals Schutz in denselben gesucht, und die ganze lange Nacht bei dem furchtbaren Unwetter darin ohne Nahrung zugebracht. Zu rechter Zeit traf das Rettungsboot ein, denn die Schiffbrüchigen waren bereits so ermattet, dass sie sich nicht lange mehr hätten festhalten können. Aber auch jetzt noch verhinderte die furchtbare Brandung eine Annäherung des Rettungsbootes; dasselbe mußte Anker aus-

werfen und erst, nachdem mittels einer Leine eine Verbindung mit dem Wrack hergestellt war, gelang es der Rettungsmannschaft, die Schiffbrüchigen zuerst aus dem Hintermast und dann aus dem Vordermast zu retten. Nachdem die sämtlichen Schiffbrüchigen – 12 Mann an der Zahl – gerettet waren, mussten Anker und Ketten gekappt werden, da ein Aufhieven des Ankers mit grösster Gefahr für das schwer beladene Rettungsboot verbunden gewesen wäre. Erst Nachmittags um 5 Uhr wurde das Festland glücklich erreicht, und die Schiffbrüchigen in gute Pflege genommen. Die Rettungsfahrt hatte volle 29 Stunden gedauert und die armen Schiffbrüchigen waren 33 Stunden ohne Nahrung dem scharfen Winde und schlimmen Wetter Preis gegeben.

Der Kapitän des verunglückten Dampfers sprach sich sehr lobend über das kaltblütige und besonnene Benehmen der Rettungsmannschaft aus.

kraftwagen zum Transport der Leinenschießausrüstung in ihre Planung einzubeziehen. Die erste "motorisierte Raketenstation" der DGzRS entstand 1937 durch Umbau eines handelsüblichen 2-t-LKW. Das Fahrgestell erhielt einen speziell konzipierten Aufbau, der die funktionsgerecht installierte, komplette Ausrüstung einer Raketenstation aufnahm. Das normalbereifte vierrädrige Fahrzeug erwies sich jedoch als nicht genügend geländegängig, so daß es letztlich bei diesem Prototyp blieb. Der LKW wurde zunächst in Heiligenhafen stationiert, 1949 nach Weißenhaus verlegt und dort 1958 außer Dienst gestellt, ohne in all den Jahren jemals wirkungsvoll zum Einsatz gekommen zu sein. Nach den unbefriedigenden Erfahrungen mit diesem Prototyp bemühte sich die Gesellschaft mit Erfolg um die Rechte zur Nutzung eines schweren LKW-"Halbkettenchassis", wie es damals bei der Wehrmacht für Zugmaschinen von Geschützen o.ä. Verwendung fand. Das Fahrgestell wies an der Vorderachse normale Räder mit Geländebereifung auf, während die beiden Hinterachsen einen Gleiskettenantrieb besaßen, dessen Laufflächen mit Gummiklötzen bewehrt waren. So konnte das schwere Fahrzeug sowohl in weichem Untergrund als auch auf gepflasterten Straßen gut vorankommen. Der von dem Bremer Karosseriebauer Wilhelm Thiele geschaffene gedeckte Kastenaufbau war ähnlich zweckmäßig konzipiert wie beim erwähnten Prototyp auf normalem LKW-Chassis, bot aber zusätzlich einen geschützten Platz für die Mannschaft. Dank der hinteren Raupenketten wurde das neue

Fahrzeug, das auf ausgebauter Straße eine Höchstgeschwindigkeit von 70 km/h erreichte, selbst in extrem lockerem Dünensand spielend mit jedem Gelände – Steigungen wie Gefälle – fertig. Das Fahrzeug ist heute im Deutschen Schiffahrtsmuseum in Bremerhaven zu besichtigen.

Die langfristig angelegte Planung der Gesellschaft, 60 ihrer insgesamt 67 Raketenstationen nach und nach mit diesem fortschrittlichen Gerät mobil zu machen, wurde allerdings nicht verwirklicht. Lediglich zwei solcher Fahrzeuge konnten 1938/39 noch fertiggestellt und den Stationen Westerland/Sylt bzw. Weißenhaus/Ostholstein zugeteilt werden. Dann brach der Zweite Weltkrieg aus, der vordringlich den Einsatz aller verfügbaren Mittel zum systematischen Aufbau der motorisierten Rettungsflotte erforderlich machte. Aus begreiflichen Gründen hatten dabei die mit dem Kriegsgeschehen unmittelbar konfrontierten Stationen in der Nordsee sowie an der schleswig-holsteinischen Ostküste die absolute Priorität. Die Folge war, daß die in jenem Bereich vorhandenen Raketenapparate mehr und mehr an Bedeutung verloren, weil bei Seenotfällen nunmehr schnellere Hilfeleistungen durch die größer gewordene und damit dichter konzentrierte Zahl der Motorrettungsboote möglich war. So kamen denn auch die beiden Raketen-LKWs bis zu ihrer Aussonderung im Jahr 1969 (!) kaum noch zum Einsatz. Beide Fahrzeuge konnten in all den Jahren nur je einen Rettungserfolg verbuchen. Mit dem Sylter Gerät gelang 1941 die Abbergung zwei-

er Schiffbrüchiger, und sein ostholsteinisches Gegenstück hatte seinen einzigen Einsatzerfolg am 14. Februar 1954 von Grömitz aus, wo es zwischen 1949 und 1958 stationiert war. Diese Aktion, bei der die dreiköpfige Besatzung eines Kutters aus Eisnot befreit werden konnte, war übrigens die letzte Raketenrettung in der Geschichte der DGzRS.

Anders als in der Nordsee und westlichen Ostsee hat der vom Land aus eingesetzte Raketenapparat an den Küsten Mecklenburgs, Pommerns und Ostpreußens auch in den Kriegsjahren eine wesentliche Rolle gespielt, weil hier notgedrungen auf eine Verstärkung der Rettungsbootflotte durch weitere motorisierte Einheiten verzichtet werden mußte. Tatsächlich waren von den 60 Rettungsstationen zwischen Lübeck und Memel während des Krieges nur 14 mit Motorrettungsbooten besetzt, und zwar vornehmlich im Bereich der Seehäfen. Ansonsten gab es an diesem rund 1000 Kilometer langen Küstenstreifen lediglich Ruderrettungsboote und Raketenapparate, die in den meisten Fällen zu sogenannten "Doppelstationen" kombiniert waren. Daß die – durch die Technik überholten – Geräte sich weiterhin als durchaus brauchbare, vollwertige Rettungsmittel bewährten, zeigen die von ihnen erzielten Erfolge. Von insgesamt 614 Menschenrettungen, die den Rettungsmännern der DGzRS-Stationen ostwärts der Travemündung während des Zweiten Weltkrieges gelangen, entfielen lediglich 191 auf den Einsatz der Motorrettungsboote. Weitere 51 gingen auf das Konto von Ruderrettungsbooten, während die übrigen 372 Schiffbrüchigen mit Hilfe von Raketenapparaten abgeborgen wurden.

Einzelheiten jener – vor allem in den letzten Kriegsmonaten – oftmals dramatischen Rettungseinsätze sind leider nicht mehr vorhanden, weil die Berichte der Stationen verlorengingen, als das Archiv der DGzRS-Zentrale kurz vor Kriegsende bei einem Luftangriff vernichtet wurde. Daß

gerade die Leinenschießgeräte in jenem Teil der Ostsee noch derart erstaunliche Erfolge erzielten, ist – abgesehen von dem bewundernswerten Einsatzwillen ihrer freiwilligen Mannschaften – wohl auch dem Umstand zuzuschreiben, daß der langgestreckte Küstenabschnitt für Raketenapparate besonders günstige Voraussetzungen bot, weil sich der Seeverkehr dank größerer Wassertiefen und fehlender Gezeitenströme relativ dicht unter Land

abspielte, so daß die meisten Unglücksorte für Raketen erreichbar waren.

An den Küsten der heutigen Bundesrepublik existierten 1945 nur noch acht Raketenstationen, die jedoch durch den forcierten Ausbau der Rettungsflotte zur Bedeutungslosigkeit herabgesunken waren. Tatsächlich hatte es von 1939 bis 1945 dort nur noch einen

*Mitte des 19. Jahrhunderts erstmals im Einsatz…*

einzigen Einsatz gegeben. Im gleichen Zeitraum wurden demgegenüber durch Einheiten der Rettungsflotte 1000 Menschen dem nassen Tod entrissen, davon 17 durch Ruder- und 983 durch Motorrettungsboote. Unter diesen Umständen lag es für die Gesellschaft nahe, sich 1945 bei der Erfüllung ihrer Aufgaben noch mehr als zuvor allein auf ihre Rettungsflotte zu stützen. Hinzu kam, daß der Seeverkehr sich – vor allem in der Nordsee – zunehmend auf küstenfernere Schiffahrtswege verlagerte, die für landgebundene Raketen ohnehin nicht mehr erreichbar waren. Bis Mitte der 50er Jahre wurden daher die nicht motorisierten Raketenstationen in Borkum, Juist, Maasholm, Laboe und Travemünde nach und nach aufgelöst. Obwohl die DGzRS somit heute keine Raketenstationen mehr unterhält, kann sie gleichwohl nach wie vor nicht auf die Verwendung leinentragender Raketen verzichten. Bis in die Gegenwart hinein bedienen sich nämlich die Einheiten der Rettungsflotte einer um 1930 entwickelten Miniaturausführung der Sander-Rakete als Bordgerät zur Herstellung von Leinenverbindungen über Distanzen außerhalb der normalen Handwurfweite. Diese Kleinrakete kann mittels eines pistolenartigen Schießgerätes aus freier Hand abgefeuert werden und trägt eine Wurfleine bis zu 160 Meter weit.

*… Leinenwagen und Raketenapparat mit Hosenboje*

## "Keiner von uns will hoffen, je eine solche Fahrt wieder mitmachen zu müssen, denn Wetter und See waren unbeschreiblich."

Der Vormann H. Tiarks der Rettungsstation Horumersiel berichtete: Am 3. Dezember 1909, vormittags 11 Uhr, wurde mir durch unsern Bootsmann R. Harms gemeldet, daß eine auf Schillighörn gestrandete Tjalk die Notflagge zeige. Ich ließ sofort die Rettungsmannschaft alarmieren, und wir segelten bald darauf mit gesetzter Fock aus dem Hafen. Beim Schiff angekommen, fanden wir die holländische Tjalk "Ora et Labora" aus Wilderfang, mit Ölkuchen beladen, leck gesprungen vor. Der Schiffer hatte mittels der Signalstation Schillighörn einen Schleppdampfer bestellt, bat uns aber, bei ihm zu bleiben, um ihm nötigenfalls Hilfe zu leisten.

Wir fanden bei steigendem Wasser, daß das Schiff mit den Pumpen lenz zu halten war und gingen infolgedessen, als die Tjalk flott geworden war, mit ihr im tieferen Wasser vor Anker. Da ein Schleppdampfer nicht kam, und wir bemerkten, daß das in einiger Entfernung von uns liegende Kriegsschiff "Kurfürst Friedrich Wilhelm" Anker auf ging, lenkten wir durch Abbrennen von Blaufeuer die Aufmerksamkeit dieses Schiffes auf uns. Wir wurden bald beachtet, das Kriegsschiff kehrte um, worauf wir unsere Anker lichteten und uns dem Kriegsschiff entgegentreiben ließen. Dieses gab uns zwei Schlepptrossen, wobei einer unserer Leute über Bord fiel, aber glücklich wieder ins Boot gezogen werden konnte. Leider brach beim Schleppen eine Trosse und die andere riß der Tjalk den Poller weg. Die Tjalk war nun ihrem Schicksal preisgegeben, denn eine neue Verbindung mit dem anscheinend den Grund berührten Kriegsschiff herzustellen, war nicht möglich, und die Tjalk trieb der Mellum-Plate zu.

Das Fahrzeug mußte jetzt verlassen werden. Alle an Bord befindlichen fünf Personen, drei Männer und die Frau des Kapitäns mit ihrem drei Monate alten Kinde wurden in unser Rettungsboot aufgenommen. Gleich darauf sichteten wir ein kleines Boot mit zwei Insassen, welche von einer gesunkenen Tjalk waren und sich durch Winken bemerkbar machten. Ich hielt sofort auf das Boot ab und wir nahmen auch diese Leute, die Besatzung der deutschen Tjalk "Ettina", Schiffer Weert Schaa, glücklich auf. Inzwischen war es dunkel geworden. Wir nahmen Kurs auf unsere Küste zu, konnten dabei aber des orkanartigen Windes wegen kaum noch Segel führen.

Mittlerweile war Hochwasser eingetreten, und wir näherten uns jetzt der Oldeoog-Plate. Nach etwa zweistündigem Segeln gerieten wir bei völliger Dunkelheit in eine unbeschreiblich hohe Brandung, an einer Stelle, wo ein gesunkenes Wrack liegt. Hier bekamen wir hintereinander drei hohe Sturzseen über, die das Boot vollständig unter Wasser setzten; die See lief nun beständig über uns weg, und wir vermochten uns nur mit größter Anstrengung im Boot zu halten. Bald aber gelangten wir auf schlichteres Wasser, so daß wir beschlossen, zu ankern und unser Boot zu lenzen. Zu unserm Schrecken bemerkten wir, daß alle Ledereimer und sonstige zum Schöpfen geeignete Inventarstücke aus dem Boot geschlagen waren und daß die Pumpe nicht gebraucht werden konnte, weil das Wasser im Boot zu hoch stand. Dies mag gegen 7 Uhr abends gewesen sein. Unsere Versuche, das Wasser mit unsern Südwestern auszuschöpfen, waren vergeblich, da die Seen auch jetzt noch glatt über das

Boot hinweggingen. Mein Bemühen war unter diesen Umständen darauf gerichtet, alle Insassen in Bewegung zu halten, damit sie nicht erstarrten. Jedoch nicht lange danach starb das Kind und dann die Frau, die ich vergeblich durch Einflößen von Hoffmannstropfen aus der Bootsapotheke dem Leben zu erhalten versucht hatte. Nach und nach starben auch die übrigen Geretteten bis auf einen Mann, den Matrosen Smit von der holländischen Tjalk.

Gegen Mitternacht, als die Flut einsetzte und wir den Strom unter Lee bekamen, versuchten wir, die Minsener Oldeoog-Plate zu erreichen, um in der dortigen Bake Schutz zu suchen. Das Ankertau mußten wir kappen. Unsere Lage war jetzt sehr kritisch, denn falls es uns nicht gelingen sollte, die Bake anzuliegen, mußten wir in die offene See treiben. Es gelang uns zunächst, die große Schlenge zu erreichen. Hier ließen sich die vollständig erschöpften Leute aus dem Boot fallen. Ich sah nun, daß unser Bootsmann Behrens, auf einer Ducht sitzend, vollständig erschöpft im Boot verblieben war. Meiner Aufforderung an die noch auf der Schlenge befindlichen Leute, auch ihm zu helfen, wurde Folge geleistet.

Trotz der hohen Brandung, die anhaltend über die Schlenge brach, gelang dieses auch, wenngleich dabei ein Mann unter das Rettungsboot geriet, aber mit ablaufender See glücklich wieder frei kam. Wir strebten mit dem fast leblosen Behrens der Bake zu. Während des Transports verschied unser armer Kamerad. Da wir vor Ermattung ihn nicht auf die Bake hinaufbringen konnten, banden wir ihn, um sein Forttreiben zu verhindern, mittels der Riemen seiner Korkweste an der Schlenge fest. Kriechend erreichten wir die Bake, wo wir gewahr wurden, daß vier Mann sich in ihrer Unkenntnis auf eine andere, etwa 400 m entfernte Bake geflüchtet hatten, die nicht wie die unserige wohnbar eingerichtet war. Wir konnten hier Feuer anmachen und Wasser kochen, auch fanden wir wollene Decken vor, in die wir uns einhüllten. Unser Boot, das wir mittels Ankertaues an der Bake befestigt hatten, riß sich infolge Brechens des Taues in der Nacht los und vertrieb.

Sobald am andern Morgen die Schlenge zu passieren war, gingen wir zur anderen Bake, um die vier Mann, die

wir als erstarrt glaubten, zu holen. Wir sahen nun mit Betrübnis, daß die Leiche unseres Bootsmanns Behrens herausgerissen und weggetrieben war. Unsere Leute fanden wir glücklicherweise noch am Leben. Sie wurden, da sie die zur Bake führende Leiter nicht mehr heruntersteigen konnten, mit einer aus der Wohnbake mitgebrachten Talje heruntergeschafft, alsdann nach der Wohnbake gebracht, wo wir sie in wollene Decken einschlugen und mit heißem Wasser erfrischten. Jetzt kam zu uns nach der Bake ein Boot vom Kriegsschiff "Kurfürst Friedrich Wilhelm", welches Sanitätspersonal mitbrachte, das unsere Kranken in Behandlung nahm. Hiernach wurden wir

mit einem Werftdampfer an Bord des Kriegsschiffes gebracht, das uns später in Wilhelmshaven landete. Die uns auf dem "Kurfürst Friedrich Wilhelm" zuteil gewordene Aufnahme und Verpflegung war eine ungemein gute. In Wilhelmshaven beschaffte der Herr Lotsenkommandeur Krause zwei Wagen, die uns wieder nach Horumersiel brachten, woselbst wir am 5. Dezember, 1 1/2 Uhr nachts, eintrafen. Keiner von uns will hoffen, je eine solche Fahrt wieder mitmachen zu müssen, denn Wetter und See waren unbeschreiblich. Der verstorbene Mann unserer Bootsbesatzung ist der 55jährige Schuhmachermeister Heinrich Behrens von hier.

### "Sie fanden den Kapitän in halb erstarrtem Zustande vor..."

Die Rettungsstation Nidden berichtete: Am 7. November 1923 , morgens gegen 5 Uhr, bemerkte der Niddener Fischer Friedrich Schmidt, daß etwa   2 1/2 Kilometer südlich des Rettungsschuppens von Nidden ein größeres Segelschiff gestrandet war. Der Wind war West, Stärke 6 bis 7, hoher Seegang und schwere Brandung, da es in der Nacht sehr hart geweht hatte. Der Fischer alarmierte sofort die Rettungsmannschaft, die in kurzer Zeit zur Stelle war. Der Segler lag quer zur Brandung, die ständig über das Schiff hinwegging und schon einen Teil der Holzladung, die es an Deck hatte, mit fortgerissen hatte. Von der Mannschaft, die sich in die Wanten geflüchtet hatte, waren zwei Mann mit Rettungsgürteln versehen über Bord gesprungen und hatten nach langem Umhertreiben in der Brandung völlig erschöpft und halb erstarrt mit Hilfe der Rettungsmannschaft das Land erreicht. Der Segler war durch die Brandung mittlerweile bis auf 75 Meter an den Strand herangeworfen.

Es wurde beschlossen, vermittels Raketenapparat Verbindung herzustellen und die Mannschaft mit der Hosenboje abzunehmen. Eine kleine Rakete wurde abgefeuert und drei Mann der Besatzung, die in den Wanten gelegen hatten, vermittels Hosenboje in Sicherheit gebracht. Es fehlte nun noch der Kapitän des Schiffes, von dem die Leute desselben behaupteten, daß er zuletzt am Abend des vorigen Tages gesehen worden sei, als das Schiff gegen 11 Uhr strandete. Er wäre in die Kajüte gegangen und nicht wieder zum Vorschein gekommen. Das Schiff, welches schon seit 8 Tagen auf der Ladung geschwommen hatte, lag mit dem Oberdeck bereits zu Wasser und mußte auch Wasser in der Kajüte haben. Die Decksladung hatte während der Strandung den Eingang zur Kajütentür blockiert, und es war anzunehmen, daß der Kapitän dadurch verhindert gewesen war, die Kajüte zu verlassen und er noch am Leben war. Der 1. Vormann Fröse der Rettungsmannschaft und noch ein Mann lie-

ßen sich daher vermittels der Hosenboje an Bord des Schiffes ziehen und arbeiteten sich trotz der überkommenden Seen nach der Kajüte hin vor und es gelang ihnen, den Kajüteneingang frei zu bekommen. Sie fanden nun den Kapitän in seiner Kammer, die schon drei Fuß unter Wasser stand, in seiner höher gelegenen Koje liegend und in halb erstarrtem Zustande vor und brachten ihn an Deck, von wo er dann ebenfalls mit der Hosenboje an Land gebracht wurde. Die Besatzung des Schiffes wurde nun mit Wagen nach dem Dorfe Nidden gefahren und bei dem Strandvogt und teilweise bei Fischern untergebracht und mit trockener Kleidung versehen. Die Rettungsmannschaft war nach dem Alarm schnell zur Stelle und hat ruhig und besonnen die Rettung der Schiffbrüchigen ausgeführt. An Rettungsmaterial ist nur eine Rakete und etwa 10 Meter der Schießleine verlorengegangen. Das gestrandete Schiff war der deutsche Dreimastschoner "Elvi", Kapitän Mauermann aus Brake.

# DAMPF-MASCHINE UND MOTOREN

**A**ls in der Zeit zwischen 1840 und 1870 die technische Entwicklung von Ruderrettungsbooten ihren Höchststand erreichte, der bis über die Jahrhundertwende hinaus die Konzeption aller nationalen Rettungsflotten bestimmte, waren dampfbetriebene Schiffe aller Größen auf Meeren und Binnengewässern längst ein gewohnter Anblick. Immerhin waren bereits einige Jahrzehnte vergangen, seit der amerikanische Ingenieur Robert Fulton 1807 das erste Dampfschiff konstruiert hatte, und seine Erfindung war inzwischen vor allem in Europa und Nordamerika weiterentwickelt worden. Um so mehr mag es verwundern, daß man im Seenotrettungsdienst auch in der zweiten Hälfte des 19. Jahrhunderts nach wie vor am herkömmlichen Ruder- bzw. Segelantrieb festhielt, anstatt sich der neuen Technik zu bedienen. Indirekt machte man sich die Dampftechnik zwar schon frühzeitig zunutze, indem die Rettungsboote sich – wo Gelegenheit bestand – durch hilfsbereite Dampfer zu einer Position in Luv des Unfallortes hinausschleppen ließen, um dort Anker zu werfen und sich an der eigenen Ankerleine leewärts zum Havaristen sacken zu lassen. Auf diese Weise konnte die Bootsbesatzung wenigstens während des Hinwegs ihre Kräfte schonen. Beim eigentlichen Rettungsmanöver sowie auf dem Rückweg zur Küste blieb den Männern die harte Knochenarbeit des Ruderns in der Regel nicht erspart, denn das assistierende Schleppschiff war nur selten bereit oder in der Lage, mitten in Sturm und Brandung die Beendigung der Aktion abzuwarten.

**A**n Überlegungen und Versuchen, die Rettungsboote mit eigener Dampfkraft auszustatten, hat es selbstverständlich nicht gefehlt. Doch der Verwirklichung solcher Ambitionen stellten sich zunächst allzu viele Schwierigkeiten entgegen. Da Rettungsboote wegen des überwiegenden Einsatzes in flachen Küstengewässern nicht zu groß sein und nur geringen Tiefgang haben durften, war allein schon die Unterbringung einer Dampfmaschine mit Kessel und ausreichendem Kohlevorrat ein kaum zu lösendes Platzproblem, ganz zu schweigen von dem mit Recht befürchteten erheblichen Sicherheitsrisiko, das die Bedienung und der Betrieb einer solchen – auf kleinstem Raum zusammengedrängten – Anlage vor allem bei schwerem Wetter mit sich brachte. Hinzu kam, daß die bei dampfbetriebenen Schiffen damals gebräuchlichen seitlichen Schaufelräder hinderlich, ja sogar gefahrenträchtig waren, wenn es galt, Schiffbrüchige bei hohem Seegang im Längsseitsmanöver abzubergen. Zwar gab es bereits die vom Österreicher Joseph Reseel (1793 bis 1857) erfundene Schiffsschraube; sie war jedoch erst später technisch so weit ausgereift, daß sie sich gegen das Schaufelrad durchsetzen konnte. Für Rettungsboote erschien ein Schraubenantrieb aus damaliger Sicht ungeeignet, weil der Propeller bei Fahrzeugen solch geringer Größe im Seegang häufig aus dem Wasser geraten und

blindschlagen konnte, ganz abgesehen von möglichen Beschädigungen der ungeschützten Schraube durch das gerade im Rettungsdienst unvermeidliche Manövrieren über Untiefen und zwischen treibenden Wracktrümmern. Gegen eine Verwendung der Dampfkraft auf Rettungsbooten sprach aber schließlich vor allem die Tatsache, daß die unabdingbare jederzeitige Einsatzbereitschaft des Bootes nur gewährleistet war, wenn man die Maschine ständig unter Dampf halten würde, da anderenfalls zu viel kostbare Zeit durch das jeweils erforderliche Aufheizen des Kessels verlorengegangen wäre. Eine solche uneingeschränkte Betriebsbereitschaft der Maschine war aber mit den freiwilligen Rettungsmännern der damaligen Zeit nicht aufrecht zu erhalten, zumal sie nur selten die notwendige technische Vorbildung be-

saßen, häufig sogar eine abergläubische Furcht vor solch unheimlichem "Teufelswerk" empfanden.

Als die Royal National Lifeboat Institution sich im Jahre 1889 endlich doch entschloß, den Bau von Dampfrettungsbooten aufzunehmen, löste sie das Wartungs- und Dienstproblem dadurch, daß sie für jedes der Fahrzeuge einen qualifizierten Maschinisten in festem Arbeitsverhältnis beschäftigte. Diese Regelung hat die RNLI übrigens auch für ihre motorisierte Rettungsflotte der Neuzeit beibehalten, indem jeweils der Techniker einer Station professioneller Rettungsmann ist, während die übrige Bootsbesatzung sich aus Freiwilligen rekrutiert, die im Einsatzfall auf Abruf verfügbar sind. Das erste britische Dampfret-

*Das erste Dampfrettungsboot der Welt – die "Duke of Northumberland" der Royal National Lifeboat Institution*

tungsboot – und damit zugleich das erste der Welt – wurde 1890 in Dienst gestellt. Es erhielt den Namen "Duke of Northumberland", war ca. 17 Meter lang und hatte trotz der gewichtigen Dampfmaschine nur 1,30 Meter Tiefgang, was wohl in erster Linie durch die relativ breit ausladende Rumpfform erreicht wurde. Das Boot stand immerhin 33 Jahre lang im aktiven Dienst, und seine Besatzung konnte in dieser Zeit 295 Menschenleben retten. Um die Jahrhundertwende verfügte die RNLI über sechs Dampfrettungsboote. Zwei weitere Fahrzeuge standen im niederländischen Seenotrettungsdienst im Einsatz; andere wurden in englische Kolonien und nach Australien geliefert. Zur Fortbewegung benötigten die Dampfrettungsboote ursprünglich weder Schaufelräder noch Schrauben, sondern bedienten sich eines "Düsenantriebs" auf hydraulischer Basis. Die Dampfmaschine betätigte dabei eine leistungsstarke Pumpe, welche Seewasser ansaugte und mit großem Druck durch Rohre unterhalb der Wasserlinie wieder ausstieß. Die dadurch erzeugte "Düsenwirkung" konnte so gesteuert werden, daß das Boot nicht nur vorwärts und rückwärts, sondern sogar seitlich fuhr. Zwar entfielen bei diesem hydraulischen Antrieb die Nachteile der Schraube, wie zum Beispiel das Blindschlagen beim Stampfen oder mögliche Beschädigungen durch Treibgut; in bezug auf die Manövrierfähigkeit des Bootes ließ die Antriebsart jedoch einiges zu wünschen übrig, weshalb die vorhandenen Dampfrettungsboote schon kurz nach der Jahrhundertwende auf Schraubenantrieb umgerüstet wurden. Dabei kam man übrigens erstmals auf die Idee, die Schraube tiefer anzubringen und nicht mehr frei herausragen zu lassen, sondern in eine tunnelartige Einwölbung des achteren Schiffsbodens zu verlegen. Diese Anordnung, die – in mehrfach modifizierter Form – auch für die späteren Motorrettungsboote übernommen und im Prinzip bis heute beibehalten wurde, verhinderte nicht nur weitgehend das Blindschlagen, sondern bot zugleich besseren Schutz gegen Beschädigungen des Propellers durch Untiefen und Treibgut.

So robust und seetüchtig die Dampfrettungsboote auch waren, erwiesen sie sich im Betrieb auf Dauer doch als zu aufwendig. Nach der Jahrhundertwende verzichtete man deshalb allgemein auf Folgebauten und gab den Gedanken an dampfbetriebene Rettungsboote endgültig auf. Dies nicht zuletzt auch deshalb, weil

*"Hermann Frese", Rettungsboot mit Hilfsmotor, in einem Werfthafen an der Weser*

der Dampfmaschine inzwischen eine ernstzunehmende Konkurrenz in Gestalt des 1867 vom deutschen Ingenieur Nikolaus Otto erfundenen Explosionsmotors entstanden war, der bei mindestens ebenbürtiger Leistung erheblich weniger Platz und Betriebsaufwand benötigte.

Der erste, der einen solchen Verbrennungsmotor zum Antrieb eines Bootes verwendete, war 1869 der Franzose Lenoir. Er baute übrigens 1882 auch das erste Boot mit Petroleummotor, einem Vorläufer des späteren Dieselmotors. Lenoir konnte sich mit seiner Erfindung allerdings nicht mehr durchsetzen. Inzwischen hatte nämlich in Deutschland Gottlieb Daimler auf der Grundlage des stationären Ottoschen Gasexplosionsaggregates seinen raumsparenden, mobil verwendbaren Benzinmotor geschaffen und damit eine Entwicklung eingeleitet, ohne die der neuzeitliche Verkehr zu Lande, zu Wasser und in der Luft gar nicht denkbar wäre. Das relativ geringe Gewicht und Volumen seines Motors erlaubte Daimler 1886 die Konstruktion des ersten Motorrades der Welt sowie einer verbesserten vierrädrigen Version des ein Jahr zuvor von Karl Benz erfundenen dreirädrigen Motorwagens, des Ahnherrn unserer heutigen Autos. Ebenfalls 1886 baute Daimler seinen Motor schließlich in ein Boot ein, mit welchem er bei einer Ruderregatta in Frankfurt beträchtliches Aufsehen erregte.

Für eine Verwendung unter den erschwerten Bedingungen des Seenotrettungsdienstes kam allerdings der Daimlersche Bootsmotor zunächst nicht in Betracht, weil er noch recht leistungsschwach und im Betrieb auch nicht zuverlässig genug war. Erst gegen Ende der 90er Jahre war der Benzinmotor durch weltweite Fortentwicklung – vor allem in der Neuen Welt – technisch so weit ausgereift, daß der Küstenrettungsdienst der USA es 1899 wagte, eines seiner 34-Fuß-Rettungsboote erstmals mit einem solchen Antrieb auszurüsten. Die Erprobungen fielen so positiv aus, daß die Amerikaner von 1904 an eine größere Anzahl Rettungsboote mit Motoren ausstatteten und darüber hinaus sogar den Bau regulärer Motorrettungsboote aufnahmen. Acht Jahre später umfaßte die Rettungsflotte der Vereinigten Staaten nicht weniger als 147 motorisierte Einheiten.

In Europa hatte man die amerikanischen Schrittmacher-Aktivitäten natürlich mit großem

*Das erste Motorrettungsboot der DGzRS, die 1911 in Dienst gestellte "Oberinspector Pfeifer"*

Interesse registriert, und es ist durchaus denkbar, daß die offenkundig guten Erfahrungen des US-Rettungsdienstes mit Explosionsmotoren wesentlich zum britischen und holländischen Entschluß beigetragen haben, das Thema "Dampfkraft im Rettungsdienst" endgültig fallenzulassen. Die ersten europäischen Motorbootversuche fanden 1904 in England statt, im gleichen Jahr, in dem die Amerikaner eine umfassende Motorisierung ihrer Rettungsflotte in Angriff nahmen. Nach anfänglichen Rückschlägen brachten auch die britischen Versuche äußerst ermutigende Resultate, so daß die RNLI sich 1907 entschloß, den Bau von Motorrettungsbooten konsequent zu forcieren. Sechs Jahre später standen an den britischen Küsten bereits 23 solcher Einheiten im Dienst, und inzwischen hatte sich auch ein Standardtyp herauskristallisiert, der später unter dem Namen "Watson-Boot" internationale Berühmtheit erlangte und von vielen europäischen Rettungsdiensten übernommen wurde oder eigenen Konstruktionen als Vorbild diente.

**D**ie Deutsche Gesellschaft zur Rettung Schiffbrüchiger hatte die Entwicklung maschineller Antriebstechniken für Rettungsboote von Anfang an sehr aufmerksam verfolgt. Zeitweilig hatte auch sie mit dem Gedanken an eine Verwendung der Dampfkraft gespielt, war aber schließlich doch davon abgekommen, weil ihr durch den ständigen Erfahrungsaustausch mit ihren ausländischen Schwester-

gesellschaften die Problematik dieser Antriebsart bekannt war. Um so lebhafter war dann das Interesse der DGzRS an der Erprobung von Verbrennungsmotoren durch die amerikanischen und britischen Freunde. Kaum hatte sich bei diesen Versuchen hinlänglich erwiesen, daß dem Motor im Seenotrettungsdienst die Zukunft gehören würde, beantragte der Vorstand der DGzRS im Jahre 1907 die Ermächtigung vom Gesellschaftsausschuß, für eigene Erprobungszwecke zunächst ein Motorrettungsboot im Ausland zu erwerben. Der Antrag, den Oberinspektor Pfeifer mit einer ausführlichen Darlegung vor allem der englischen Erkenntnisse begründete, wurde angenommen, allerdings mit der empfehlenden Auflage, man möge auch inländischen Firmen Gelegenheit geben, ihre Leistungsfähigkeit unter Beweis zu stellen. Im Sinne dieses Beschlusses traf der Vorstand einerseits pflichtgemäß Absprachen mit deutschen Motorenherstellern (u.a. den Firmen Daimler und Gebrüder Körting) über eine zukünftige Zusammenarbeit beim Bau von Motorrettungsbooten, andererseits wurde gleichzeitig der vom Gesellschaftsausschuß im Prinzip bewilligte Ankauf eines ausländischen Motorrettungsbootes in die Wege geleitet, wobei man sich für ein britisches Fabrikat entschied.

**D**as erste Motorrettungsboot der DGzRS wurde im Jahre 1911 ausgeliefert und erhielt bei seiner Indienststellung in Laboe den Namen "Oberinspector Pfeifer", nach dem im Jahr zuvor verstor-

benen verdienten Leiter des nautisch-technischen Dienstes der Gesellschaft. Das neun Meter lange, offene Mahagoniboot war mit einem britischen 28-PS-Benzinmotor ausgestattet, zusätzlich aber auch alternativ zum Segeln und Rudern eingerichtet. Außerdem verfügte es über eine Selbstlenz-Einrichtung, die nach dem 1840 von Farrow erfundenen Prinzip mit Doppelboden und eingebauten Ventilröhren funktionierte.

Während die systematische praktische Erprobung des Fahrzeugs in vollem Gang war, begann der DGzRS-Vorstand aber zugleich, die vereinbarte Zusammenarbeit mit deutschen Motorenherstellern konkret zu verwirklichen. Ein erster Schritt in dieser Richtung war – ebenfalls noch im Jahre 1911 – der versuchsweise Einbau eines 35 PS starken Körting-Benzinmotors in das 10,5 Meter lange, gedeckte Segelrettungsboot "Carl von Lingen" der Station Friedrichskoog. Allerdings war der Motor von vornherein nicht als Haupt-, sondern nur als "Hilfsantrieb" gedacht, der lediglich zur schnelleren Überwindung von Flauten und gegenläufigen Strömungen sowie auch zum besseren Manövrieren diente, während das Boot ansonsten nach wie vor überwiegend unter Segeln fuhr.

Nachdem das so umgerüstete Fahrzeug sich in der Praxis bewährte, wurden in den Jahren 1912/13 weitere fünf gedeckte Segelrettungsboote mit Hilfsmotoren von Körting beziehungsweise von Daimler ausgestattet, nämlich die "Theodor Gruner" (Büsum), "Hermann Frese" (Amrum-Nord), "Picker" (Amrum-Süd), "Geheimrat Heinrich

### Erstmals wird ein Motorrettungsboot eingesetzt

Der Vormann H. Schnoor der Rettungsstation Laboe berichtete: Am 15. August 1911, gegen 5 Uhr morgens, sichtete ich eine zwischen Laboe und Stein gestrandete Lustjacht, die bald darauf die Notflagge zeigte. Es wehte zur Zeit steif aus NNW, und die See ging hoch. Ich ließ sofort das Motorrettungsboot "Oberinspector Pfeifer" bemannen und zu Wasser bringen. Auf der Fahrt zur Unfallstelle sahen wir, daß der aus See gekommene Bergungsdampfer "Stein" schon Versuche machte, das Fahrzeug abzuschleppen. Als wir bei der Jacht ankamen, wollten die fünf Insassen das Fahrzeug nicht verlassen. Wegen der gefährlichen Lage aber, worin Schiff und Bemannung sich befanden, blieben wir an der Unfallstelle. Schon bald erwies sich unser Verbleiben als eine glückliche Maßnahme. Das Boot vom Bergungsdampfer, welches die Verbindung mit der gestrandeten Jacht herstellen sollte, schlug voll Wasser und kenterte, so daß die aus zwei Mann bestehende Besatzung in größter Lebensgefahr schwebte. Wir nahmen die beiden Leute glücklich in unser Boot auf und brachten sie nebst dem gekenterten Boot an Bord des Bergungsdampfers. Hiernach brachten wir vom Bergungsdampfer eine Trosse so nahe an die Jacht heran, daß sie dort festgemacht werden konnte. Es gelang dann dem Dampfer "Stein", die Jacht flott zu bringen. Das Boot und der Motor bewährten sich in der schweren See vorzüglich.

### "...so daß es gelang, mit dem Rettungsboot das Wrack zu erreichen und die sechzehn Mann starke Besatzung zu retten."

Der Ortsausschuß der Rettungsstation Cuxhaven berichtete: Am 25. Dezember 1927 wurde mir gemeldet, daß auf Scharhörn ein unbekannter Dampfer gestrandet sei, der schwer in der Brandung arbeite und Notsignale zeige. Sofort ausgelaufene Bergungsdampfer versuchten, an die Unfallstelle zu gelangen, doch erwiesen sich diese Bemühungen bei dem herrschenden NO-Sturm und der Brandung als fruchtlos. Da an eine Rettung des Schiffes nicht mehr zu denken war, wurde funkentelegraphisch das Motorrettungsboot "Ferdinand Laeisz" der Station Cuxhaven zur Rettung der Besatzung des Gestrandeten verlangt, das am 27. Dezember, morgens 5 Uhr, im Schlepp des Staatsdampfers "Neuwerk II" zur Unfallstelle fuhr, um bei Tagesanbruch die Rettung der Besatzung vorzunehmen. Trotz des schweren Seegangs bei NO-Wind, Stärke 7–8, machte das Rettungsboot sofort, als es etwas heller wurde und die Unfallstelle besser gesehen werden konnte, den Versuch, den Dampfer zu erreichen. In den schweren Grundseen, durch die es jetzt hindurch mußte, wurde das Boot aber derartig hin- und hergeworfen, daß eine Annäherung an das Wrack mit dem inzwischen völlig vereisten Boot fast als unmöglich erschien. Nach zwei vergeblichen Versuchen wurde von dem Wrack aus Oel in großen Mengen über Bord gegossen, um die wilden Brecher etwas zu glätten. Diese vorübergehend erreichte Glättung nutzte der Vormann in geschickter Weise aus, so daß es ihm gelang, mit dem Rettungsboot das Wrack zu erreichen und die 16 Mann starke Besatzung zu retten. Als das nun vollbeladene Boot wieder freies Wasser erreicht hatte, wurden die Schiffbrüchigen an den Dampfer "Neuwerk II" abgegeben, auf dem ihnen die erste Hilfe geleistet und Stärkung verabreicht wurde. Das gestrandete Schiff war der schwedische Dampfer "Hafften" mit einer Ladung Koks.

### "Boot und Motor bewährten sich gut."

Der Vormann W. Külper der Rettungsstation Büsum berichtete: Am 30. September 1918, abends gegen 8 Uhr, wurde mir von dem Fischer W. Laß gemeldet, daß er auf der Rückfahrt vom Fischfang auf Beltshövensand einen Kutter mit Notflagge bemerkt hätte. Von der eigentlichen Besatzung des Rettungsbootes war ein Teil noch nicht vom Fischfang zurück, weshalb ich einige andere Fischer zur Hilfeleistung heranzog. Wir machten das gedeckte Motor-Rettungsboot "Theodor Gruner" und das dazu gehörige Beiboot für die Ausfahrt klar und fuhren gegen 8 1/2 Uhr ab. Der stürmische Wind hatte etwas nachgelassen. Das Wetter war sichtig. Nach reichlich einer Stunde langten wir an der Unfallstelle an. Wir gingen längsseit von dem Kutter, der schon bis zum Deck im Wasser lag, und nahmen die aus drei Mann bestehende, total erschöpfte und durchnäßte Besatzung an Bord. Gleich nach Bergung der Besatzung legte der Kutter sich über und versank. Der Besitzer des verunglückten Kutters ist der Besatzungsmann des Büsumer Rettungsbootes "H. Albrecht". Nach Angabe der Geretteten sollte bei der Tonne K noch ein zweiter Kutter aufgelaufen sein und sich in Gefahr befinden. Wir konnten aber, nachdem wir die angegebene Stelle erreicht hatten, nichts von einem solchen Fahrzeug bemerken, weshalb wir wendeten und nach Büsum zurückkehrten, wo wir gegen 12 Uhr nachts wieder anlangten. Boot und Motor bewährten sich gut.

Gerlach" (Atmathmündung/ Kurisches Haff) und "Carl Laeisz" (List/Sylt).

Inzwischen hatte die sorgfältige Erprobung der in England gekauften "Oberinspector Pfeifer" ebenfalls zu ausgesprochen günstigen Ergebnissen geführt und die Gesellschaft ermutigt, bei deutschen Werften eine Serie von sieben offenen Motorrettungsbooten in Auftrag zu geben, die nach Konstruktion und Ausstattung weitgehend dem britischen Original entsprachen, mit dem einzigen Unterschied, daß die deutsche Version zwei Meter länger war, also elf statt nur neun Meter maß. Als Antrieb erhielten alle sieben Neubauten einen Daimler-Benzinmotor von 28 PS Leistung. Die ersten drei Boote dieser Serie konnten bereits 1912 in Dienst gestellt werden. Es waren die "Geheimrat Max Frey" (Wittower Posthaus/Rügen), "Dr. Alfred v.d. Leyen" (Sassnitz) und "Dr. Fehrmann" (Neufahrwasser). In den Jahren 1913/ 14 folgten die "Ferdinand Laeisz" (Cuxhaven), "Irene" (Helgoland), "Otto Ludewig" (Warnemünde) und "Geheimrat Franz Schröter" (Pillau). Der Ausbruch des Ersten Weltkriegs unterband zwangsläufig die geplante weitere Motorisierung der deutschen Rettungsflotte. Lediglich im Jahre 1918 konnte dank einer zweckgebundenen Stiftung nochmals ein offenes 11-m-Boot der "Pfeifer"-Klasse gebaut werden. Im Gegensatz zu seinen acht Schwesterbooten hatte das Fahrzeug allerdings keinen Holz-, sondern einen Stahlrumpf. Es erhielt den Namen "Ulla" und wurde in Maasholm/Ostsee stationiert. In den darauffolgenden Nachkriegs- und Inflationsjah-

ren war an die Verwirklichung weiterer Motorisierungspläne erst recht nicht zu denken, weil die progressive Geldentwertung das durch die allgemeine Not ohnehin knapper gewordene Spendenaufkommen derart schrumpfen ließ, daß gerade genug zur Deckung der existenzsichernden Ausgaben übrig blieb. Sobald aber mit der Stabilisierung der Reichsmark in den Jahren 1923/ 24 der Spendenfluß wieder einsetzte, nahm die Gesellschaft das 1914 unterbrochene Programm der Motorisierung ihrer Rettungsflotte erneut unverzüglich in Angriff. Bereits 1926 wurden – mit Hilfe eines einmalig in Anspruch genommenen Reichsdarlehens – drei gedeckte reine Motorrettungsboote mit Stahlrumpf gebaut, darunter erstmals ein 14 Meter langes Doppelschraubenboot, das den Namen "Hindenburg" erhielt und auf Borkum stationiert wurde. Die beiden übrigen Boote, "Bremen" (Norderney) und "Hamburg" (Friedrichskoog), waren 11,85 Meter lang und hatten jeweils nur eine Schraube.

Als entscheidender Fortschritt wurde bei diesen ersten drei deutschen Nachkriegs-Neubauten weltweit beachtet, daß als Antrieb nicht mehr ein Benzinmotor, sondern ein kompressorloses und daher gewichtsgünstiges Rohöl-Dieselaggregat diente, das eben erst in Deutschland neu entwickelt worden war. Zur Verwendung gelangte auf den beiden Einschrauben-Booten jeweils ein Deutz-Dieselmotor, während das Doppelschraubenboot zwei MAN-Aggregate von

je 45/50 PS erhielt. Alle drei Boote waren darüber hinaus mit Hilfsbesegelung ausgestattet, auf Vorkehrungen zum Rudern wurde bereits verzichtet. Die sich anschließende systematische Erprobung führte zu verschiedenen konstruktiven Verbesserungen des Dieselaggregates. 1928 war es schließlich so weit ausgereift, daß die Gesellschaft sich entschloß, in ihren Rettungsbooten fortan nur noch Dieselmotoren zu verwenden, weil sie weniger gefahrenträchtig und im Betrieb zuverlässiger waren als die auf leicht entzündlichen Treibstoff angewiesenen Benzinmotoren.

Zu jener Zeit (im Juni 1928) fand in Paris die II. International Lifeboat Conference (ILC) statt. Während die vorhergegangene konstituierende I. ILC in London noch ohne deutsche Beteiligung stattgefunden hatte, war die DGzRS in Paris erstmals durch Delegierte vertreten. Ihr Bericht über die Verwendung neuartiger, gewichtsgünstiger und sicher arbeitender Dieselmotoren in deutschen Rettungsbooten fand starkes Interesse, und es wurde einhellig anerkannt, daß der DGzRS damit eine für das internationale Seenotrettungswesen zukunftsweisende, wichtige Neuerung gelungen sei. Andererseits brachten die deutschen Konferenzteilnehmer aus Paris aber auch die Erkenntnis mit, daß die führenden ausländischen Schwestergesellschaften in bezug auf den motorisierten Anteil ihrer Rettungsflotte schon erheblich weiter waren. Mit aller Energie machte sich deshalb die DGzRS daran, den ausländischen Vorsprung aufzuholen. Dabei galt es zu berücksichtigen, daß aufgrund der sehr unterschiedlichen Beschaffenheit der deutschen Küsten verschiedene Größen und Typen von Motorrettungsbooten erforderlich waren. So wurden einerseits größere, hochseefähige Einheiten benötigt, die in Flußmündungen oder Küstenhäfen ständig zu Wasser lagen und bei jedem Wetter für den Einsatz auf offener See geeignet waren. Andererseits brauchte man für das flache, von zahlreichen Untiefen durchsetzte Küstenvorfeld

der Nord- und Ostsee kleinere Motorrettungsboote mit geringem Tiefgang, die leicht genug waren, um anstelle der dort bisher verwendeten Standardruderrettungsboote auf Transportwagen über den freien Strand zu Wasser gebracht zu werden.
Für Einsätze auf offener See hatten der DGzRS bis 1926 lediglich ihre sechs gedeckten ehemaligen Segelrettungsboote zur Verfügung gestanden, die in den Jahren 1911 bis 1913 zusätzlich mit benzinbetriebenen Hilfsmotoren ausgerüstet worden waren. Obwohl sich die Fahrzeuge trotz

ihres zum Teil ehrwürdigen Alters noch als bemerkenswert robust und seetüchtig erwiesen, waren sie wegen ihrer Abhängigkeit vom Wind und ihrer schwachen Motorisierung den steigenden Anforderungen des neuzeitlichen Hochseerettungsdienstes nur noch bedingt gewachsen. Außerdem reichte ihre Zahl bei weitem nicht aus, um alle für solche Einsätze wichtigen Stützpunkte an der mehr als 1500 Kilometer langen deutschen Küste zu besetzen.
Einen ersten Schritt, die Flotte ihrer seegehenden Einheiten zu

### "...als wir ankamen, ragten nur noch die Masten aus dem Wasser..."

Vormann Joh. Fr. Raß der Rettungsstation Norderney-West berichtete:
Am 6. August 1928, abends 8 1/2 Uhr, meldete mir der Bootsmann Pauls, daß ein Fahrzeug auf dem Norder-Riff aufgelaufen sei. Ich eilte sofort zum Strande und beobachtete das Schiff von der Georgshöhe aus durch das Fernrohr, bis ich sah, daß es Notsignale zeigte. Darauf wurde die Rettungsmannschaft sofort alarmiert und mit unserem Rettungsboot "Bremen", dessen Motor gleich an-

sprang, die Fahrt nach dem gestrandeten Fahrzeug gegen schweren Flutstrom angetreten. Als wir bei dem gestrandeten Fahrzeug ankamen, ragten nur noch die Masten aus dem Wasser, von der Besatzung war nichts mehr zu sehen. Nachdem wir unseren Motor abgestellt hatten, hörten wir plötzlich Hilferufe. Wir hielten darauf zu und sahen in der Dunkelheit, daß vier Mann der Besatzung sich auf einem kleinen Floß noch eben über Wasser hielten. Wir nahmen die Schiff-

brüchigen in unser Boot, sorgten für trockene Kleider und fuhren zum Hafen, wo wir um 12 Uhr landeten und den Schiffbrüchigen Unterkunft verschafften. Boot und Motor arbeiteten während der Fahrt gut; wir hatten wenig Wind, aber die See war bewegt. Beim Anlegen an das Wrack bekamen wir in der Dunkelheit vorne am Steuerbord-Bug eine kleine Beule. Das verunglückte Schiff war der in Esbjerg beheimatete dänische Fischkutter "Fanny", Kapitän Gummersen.

### "...konnten wir die Freude auf den Gesichtern der Mannschaft deutlich erkennen..."

Vormann Joh. Willms der Rettungsstation Borkum-Süd berichtete:
Am 17. November 1928, 8.30 Uhr morgens, wurde mir gemeldet, daß auf dem Binnen-Randzel ein Schiff gestrandet sei. Wie ich durch das Fernglas feststellen konnte, war auf dem Fahrzeug das Notsignal gesetzt. Sofort wurde die Rettungsmannschaft alarmiert, die bereits in 30 Minuten mit der Motor-Draisine auf Borkum-Reede zur Stelle war. Das schon fahrbereite Motorrettungsboot "Hindenburg" lief mit beiden Maschinen "Äußerste Kraft voraus", durch Sturmgeheul

und hochgehende See dem gestrandeten Schiff entgegen. An der Unfallstelle angekommen, erkannten wir das gefährdete Schiff als den Dampflogger "Ella" aus Leer. Als wir mit dem Rettungsboot "Hindenburg" längsseits kamen, konnten wir die Freude auf den Gesichtern der Mannschaft deutlich erkennen. Es war kein Wunder, Schiff und Besatzung hatten eine gefahrvolle Nacht hinter sich. Um 11 Uhr nachts waren im brüllenden Sturm beide Ankerketten gerissen. Trotz laufender Maschine "Äußerste Kraft voraus" wurde der Logger rückwärts auf

den Randzel geworfen. Auf die Frage, ob die Mannschaft das Schiff verlassen sollte, bat uns der Kapitän, bis zum Hochwasser bei ihm zu bleiben. Um 2 Uhr nachmittags bestieg die 17 Mann starke Besatzung unser Rettungsboot, worauf wir mit voller Kraft nach Borkum zurückfuhren.
Die Mannschaft wurde hier im Hotel "Deutscher Kaiser" und im Kurhaus "Roselius" durch den Strandvogt Major a.D. Held untergebracht und gut bewirtet. Bergungsdampfer sind zur Stelle und versuchen, das Schiff abzuschleppen.

vergrößern und zu modernisieren, hatte die Gesellschaft bereits 1926 mit dem schon erwähnten Bau der drei großen, gedeckten Motorrettungsboote "Hindenburg", "Bremen" und "Hamburg" unternommen. Die erfolgreiche Erprobung dieser Fahrzeuge führte 1928 zunächst zum Bau eines weiteren 11,85 Meter langen Bootes. Es erhielt den Namen "Geheimrat Sartori" und wurde in Heiligenhafen stationiert. Inzwischen jedoch hatte die Praxis gezeigt, daß die Boote trotz ihrer unbestrittenen Seetüchtigkeit noch nicht als Optimallösung anzusehen waren, sondern daß – vor allem für den Dienst im Bereich der wichtigen Knotenpunkte des Seeverkehrs – etwas größere Einheiten den Erfordernissen wesentlich besser gerecht würden. Das von der Gesellschaft nunmehr in Angriff genommene Neubauprogramm für hochseefähige, gedeckte Motorrettungsboote sah deshalb Mindestlängen von 13 Metern für Einschrauben- und von 16 Metern für Doppelschraubenboote vor. So entstanden 1929 die mit einer Schraube bestückte "August Nebelthau" für List/Sylt und ein Doppelschraubenboot

mit zwei Dieselmotoren von je 72/80 PS. Letzteres wurde der Station Norderney zugewiesen und übernahm den Namen der dort bislang beheimateten ersten "Bremen" (Baujahr 1926), die als "Lübeck" nach Travemünde verlegt wurde. 1930 folgte das 13 Meter lange, gedeckte Einschraubenboot "Konsul John" (50-PS-Diesel) für die Station Rügenwaldermünde, und 1931 ein zweites 16-m-Doppelschraubenboot vom Typ "Bremen". Es wurde unter dem Namen "Konsul Kleyenstüber" der Station Pillau zugewiesen. Dieses Fahrzeug, das 1944 durch Umbenennung zur dritten "Bremen" wurde, machte übrigens in den 50er Jahren Geschichte als erster Seenotkreuzer mit Tochterboot. Auf ihm wurde das von der DGzRS entwickelte und später weltweit berühmt gewordene "Huckepack"-System erprobt, von dem noch die Rede sein wird.

Das Jahr 1932 sah schließlich die Indienststellung eines weiteren Doppelschraubenbootes ("Richard C. Krogmann"), das in Cuxhaven stationiert wurde und mit 17,10 Metern Länge und zwei Dieselmotoren von je 125 PS die größte und stärkste Einheit der

deutschen Rettungsflotte vor dem Zweiten Weltkrieg war. Danach legte die Gesellschaft im Bau seegehender, voll gedeckter Großmotorrettungsboote eine vierjährige Pause ein, um sich zunächst mit Vorrang der Entwicklung kleinerer und leichterer Fahrzeuge für den küstennahen Einsatz, insbesondere vom freien Strand aus, zu widmen. Erst 1936 kam es wieder zum Neubau eines großen Bootes. Es war die 15 Meter lange "Daniel Denker". Im Gegensatz zu seinen stählernen Vorgängern erhielt das Boot, das auf Helgoland stationiert wurde, einen Teakholz-Rumpf. Als letzter großer Neubau vor dem Zweiten Weltkrieg folgte 1937 noch ein 16-m-Einschraubenboot – ebenfalls aus Teakholz – das mit einem 200-PS-Diesel bestückt wurde und sowohl von seiner schiffbaulichen Konzeption als auch von der Ausstattung her als fortschrittlichstes deutsches Rettungsboot der Vorkriegszeit bezeichnet werden kann. Unter anderem erhielt es erstmals ein geschlossenes Ruderhaus anstelle des bisher üblichen offenen Fahrstandes im Cockpit. Dieses Boot nahm als zweite "Hindenburg" auf Borkum

*Blick von der Kajüte in den Maschinenraum des Motorrettungsbootes "Richard C. Krogmann"*

*Fahrstand des 11,85 Meter langen, gedeckten Motorrettungsbootes "Geheimrat Sartori"*

die Stelle des gleichnamigen 14-m-Doppelschraubenbootes ein.

Die großen Motorrettungsboote waren – wie schon erwähnt – in allererster Linie für weiträumige Einsätze auf den Schiffahrtsstraßen bestimmt und eigneten sich nur beschränkt für Operationen in den ausgedehnten Flachwassergebieten des Küstenvorfeldes der Nord- und Ostsee. Hier standen zur Entlastung der zunächst weiterhin im Dienst befindlichen Ruderrettungsboote bis in die 30er Jahre hinein praktisch nur die 1911 bis 1913 beschafften neun offenen Motorrettungsboote des Typs "Oberinspector Pfeifer" zur Verfügung, die bei elf Metern Länge einen Tiefgang von 70 Zentimetern hatten. Ein Nachteil dieser Boote war allerdings, daß sie nicht über den freien Strand zu Wasser gebracht werden konnten. Einmal waren sie wegen des durch Motor und Selbstlenzeinrichtung bedingten Mehrgewichts zu schwer, um – selbst bei entsprechender Verstärkung der Transport-/Ablaufwagen – von Pferden durch lockeren, tiefen Sand

gezogen zu werden. Zum anderen wären die Boote wegen ihres Tiefgangs an der freien Küste erst in Wassertiefen flottgekommen, die unverhältnismäßig weit vom Ufer entfernt und somit für pferdebespannte Transportwagen ohnehin nicht erreichbar waren. In Anbetracht dessen hatte die Gesellschaft die neun Boote der "Pfeifer"-Klasse von vornherein an Orten stationiert, an denen feste Slipanlagen vom Schuppen direkt in ausreichend tiefes Wasser führten.

Solche Einrichtungen standen an der rund 1500 Kilometer langen Küste zwischen Borkum und Memel in ausreichender Anzahl zur Verfügung, um gegebenenfalls noch weitere Stationen mit Motorrettungsbooten dieser Größenordnung auszustatten. Die Gesellschaft zögerte jedoch zunächst, entsprechende Neubauten in Auftrag zu geben, weil sie glaubte, durch Einbau von Motoren in die vorhandenen Ruderrettungsboote auf einfachere und wirtschaftlichere Weise einen leichteren Fahrzeugtyp schaffen zu können, der sowohl über Slipanlagen als auch – auf den bisherigen Transport-/Ablaufwagen – über den freien Strand zu Wasser

gebracht werden konnte. Ein erster Versuch wurde bereits 1925 mit dem in Neufeld/Elbmündung stationierten 8,5-m-Ruderrettungsboot "Oberarzt Meyer-Glückstadt" gemacht. Es erhielt den 28-PS-Benzinmotor des zuvor wegen Überalterung ausrangierten gedeckten Segelrettungsbootes "Carl von Lingen" unter gleichzeitigem Einbau eines Schraubentunnels. Mit diesem umgerüsteten Boot, das immerhin noch bis 1934 im aktiven Dienst stand, schien das Problem eines auf unbefestigtem Sandstrand transportablen Motorrettungsbootes im Prinzip gelöst, da es nur etwa eine halbe Tonne schwerer war und lediglich 20 Zentimeter mehr Tiefgang hatte als vor der Motorisierung. Dadurch ermutigt, rüstete die Gesellschaft im Jahre 1928 zwei weitere 8,5-m-Ruderrettungsboote mit Motoren aus, nämlich "Frauenlob" (Neuharlingersiel) und "Meta Hartmann" (Horumersiel). Hier fand statt des Benzinmotors bereits das neue, kompressionslose Dieselaggregat Verwendung, das eine Leistung von 15 PS aufwies. Zu einer Motorisierung weiterer Ruderrettungsboote kam es nicht mehr.

*Auslaufen zum Einsatz: Motorrettungsboot "Daniel Denker", ganz aus Teakholz gebaut*

*Am Ruder: Einer der legendären Vormänner der DGzRS, Rickmer Bock*

Schon nach kurzer Betriebszeit mußte nämlich "Frauenlob" im Jahre 1931 außer Dienst gestellt werden, weil der aus kanneliertem Stahlblech bestehende Rumpf durch die Erschütterungen des Dieselmotors undicht geworden und nicht mehr reparabel war. Beim gleichaltrigen Schwesterboot "Meta Hartmann" trat diese Erscheinung zwar nicht auf, da aber nicht mit Sicherheit auszuschließen war, daß sich solche Vibrationsschäden bei gleichartiger Umrüstung anderer Ruderrettungsboote wiederholen könnten, entschloß sich die DGzRS, die für den Einsatz in Küstennähe noch benötigten Motorrettungsboote nunmehr als Neubauten zu erstellen.

Das Neubauprogramm für kleinere Einheiten wurde 1930/31 zunächst mit einer Serie von vier offenen Motorrettungsbooten eingeleitet, deren äußere Form und Ausstattung noch stark an die ihrer geruderten Vorgänger erinnerte. Wie diese, waren sie alternativ zum Rudern und Segeln eingerichtet, und der Rumpf bestand ebenfalls aus kanneliertem Stahlblech, war aber – angesichts der Erfahrung im Fall "Frauenlob" – durch zusätzliche Spanten und Verbände wesentlich verstärkt worden. Darüber hinaus waren alle vier Neubauten von vornherein mit Selbstlenzeinrichtungen und Schraubentunnel versehen. Obwohl auch diese Boote wegen ihres Gewichts an Plätzen mit festen Slipanlagen oder Kränen beheimatet werden mußten, hatte die DGzRS

das Problem des Bootstransportes über den offenen Strand keineswegs aus den Augen verloren; denn nach wie vor galt, daß ein nicht unerheblicher Teil der deutschen Rettungsstationen ohne jede Hafenanlage an der freien Küste lag und über keine befestigte Ablaufbahn verfügte. Man hatte jedoch mittlerweile erkannt, daß das Problem nur durch einen völlig neu zu konzipierenden Bootstyp bei gleichzeitiger entsprechender Verstärkung der Transportmittel gelöst werden konnte.

Bei Motorrettungsbooten für den küstennahen Einsatz hatte die DGzRS – auch bei Vorhandensein fester Slipanlagen bzw. Ablaufbahnen – bisher an der traditionellen, offenen Bauweise der früheren Ruderrettungsboote festgehalten, obwohl vom Gewicht her genug Spielraum für eine sogenannte "halbgedeckte" Konstruktion bestanden hätte, wie sie in der britischen Rettungsflotte bereits seit einigen Jahren existierte.

Als sich im Jahre 1932 die Notwendigkeit ergab, noch einige weitere Motorrettungsboote mittlerer Größe für Stationen mit festen Slipanlagen in Auftrag zu geben, entschloß sich die DGzRS, britischem Beispiel zu folgen und die Neubauten erstmals als "halbgedeckte" Boote zu erstellen. Als erste deutsche Einheit dieser Art wurden 1933 "Ulrich Steffens" und "Adalbert Korff" in Dienst gestellt. Die beiden typgleichen Boote waren elf Meter lang, hatten einen Tiefgang von 0,75 Metern und erreichten mit ihrem kompressorlosen 40-PS-Die-

selmotor eine Geschwindigkeit von 8,5 Knoten. Zusätzlich führten sie noch eine Hilfsbesegelung, die allerdings später abgeschafft wurde. Der gedeckte Teil des Bootskörpers beider Neubauten bestand einerseits aus einer wasserdicht abgeschotteten, geräumigen Überdachung des in der Fahrzeugmitte stehenden Motors, andererseits aus einem walrückenartig gewölbten Backdeck, unter welchem sich ein geschützter Aufenthaltsraum mit Sitzbänken und einem kleinen Ofen befand. "Adalbert Korff" trat in List/Sylt an die Stelle des vollgedeckten 15-m-Motorrettungsbootes "August Nebelthau" (Baujahr 1929), das an die Station Borkum und später (1937) nach Friedrichskoog abgegeben wurde. "Ulrich Steffens" löste in Neuharlingersiel das offene 10-m-Motorrettungsboot "Lotsenkommandeur Laarmann" (Baujahr 1930) ab, das nach dem Vorbild der neuen Einheiten zu einem ebenfalls halbgedeckten Boot umgebaut und nach Carolinensiel verlegt wurde, wo bis dahin lediglich ein Ruderrettungsboot stationiert gewesen war.

Die Vorzüge der Kombination aus offenem und vollgedecktem Motorrettungsboot lagen auf der Hand. Im Vergleich zu letzterem war ein nur teilweise gedecktes Fahrzeug natürlich leichter und hatte weniger Tiefgang, so daß es auf einem Slipwagen zu Wasser gebracht werden und auch an flacher Küste noch ohne Schwierigkeiten operieren konnte. Andererseits fanden Mensch und Maschine durch die halbgedeckte Bauweise besseren Schutz gegen überkommende Seen als auf offenen Booten. Es war deshalb kein Wunder, daß die DGzRS sich nunmehr entschloß, alle offenen Motorrettungsboote ihrer mit Slipwagen ausgestatteten Stationen – soweit die Bootsgröße es zuließ – nach und nach

zu halbgedeckten Einheiten umzubauen.

Parallel zu dem umfangreichen Umbauprogramm vergab die DGzRS aber auch noch einige weitere Neubauaufträge für halbgedeckte Motorrettungsboote. So erhielt die Station Horumersiel im Jahre 1936 den 10 Meter

langen, mit einem 60-PS-Diesel ausgestatteten stählernen Neubau "Heinrich Tiarks" als Ersatz für das aus dem aktiven Dienst ausgeschiedene motorisierte Ruderrettungsboot "Meta Hartmann". Ein Jahr später wurde für die Station Burgstaaken/Fehmarn das elf Meter lange halbge-

### "...immer wieder neue Anläufe..."
### Vormann Peter Six der Rettungsstation Cuxhaven berichtete:

Nach einer Funkmeldung des Lotsendampfers "Kersten Miles" befand sich bei der Tonne 3 ein Fahrzeug in Seenot. Der Motor hatte ausgesetzt, das Fahrzeug trieb deshalb auf dem Großvogelsand. Da die eingetroffenen Schlepper nichts mehr ausrichten konnten, wurde sofort das Rettungsboot angefordert. Das Schiff zeigte Notsignale. Wir verließen darauf mit dem Doppelschrauben- Motorrettungsboot "Richd. C. Krogmann" um 22 Uhr 35 den Hafen. Gegen Mitternacht erreichten wir durch die ausgezeichnete funkente-

legraphische Hilfe des Schleppers "Hermes" trotz größter Dunkelheit die Unfallstelle. Bei schwerer Brandung, es herrschte in Böen zeitweise Windstärke 9, arbeiteten wir uns an das Schiff heran. Die Brecher gingen über das Schiff hinweg. Es bestand nur die Möglichkeit, von dem achtern befindlichen Aufbau die Leute zu übernehmen. Aus diesem Grunde mußten bei der niedrigen Wassertiefe – etwa 3 m – immer wieder neue Anläufe gemacht werden. Beim ersten Anlauf gelang es nur, den Schiffsjungen zu übernehmen. Immer wieder wurde

versucht, heranzukommen, bis es uns schließlich nach fünf Anläufen in etwa 11/2 Stunden gelungen war, die aus vier Personen bestehende Besatzung zu bergen. Wir fuhren darauf zurück nach Cuxhaven und gaben die Geretteten um 3 Uhr an Land. Bei dem gestrandeten Fahrzeug handelte es sich um den deutschen Motorsegler "Marie Lies", mit Kohlen von Dortmund nach Hamburg bestimmt. Bootskörper und Motore haben sich wiederum glänzend bewährt, so daß die Besatzung voller Vertrauen die Rettungsfahrt ausführte.

### "... in der Brandung zerbrachen durch eine
### schwere Sturzsee zwei Riemen an Steuerbord...".
### Ruderrettungsboot "Prerow", Bericht des Vormanns Joh. Normann:

Gegen Mitternacht 13. Februar 1933 telefonierte der Oberwärter Hennemann in Darßerort, daß auf dem NO-Riff dortselbst ein Schiff Notsignal zeigte. Ich alarmierte sofort die Bootsmannschaft und bestellte Pferde, die schnell zur Stelle waren. Da der Wind aus W wehte und wir somit von hier aus nicht zur Unfallstelle fahren konnten, wählten wir den weiten Weg durch den Wald zum Leuchtturm, woselbst wir das Boot um 1/2 3 Uhr zu Wasser brachten. In der Brandung zerbrachen durch eine schwere Sturzsee zwei Riemen an Steuerbord und ein dritter wurde einem Mann aus den Händen geschlagen, wodurch die Ruderkraft an Steuerbord geschwächt wurde, das Boot

quersee kam und durch schwere Brecher zurückgeschlagen wurde. Durch Ausgleichen der Riemen wollte es uns nicht gelingen, die Brandung zu durchbrechen. Nachdem alle bis zur Erschöpfung an den Riemen gerissen hatten, wurde ich in der Dunkelheit gewahr, daß sich der weggeschlagene Riemen zwischen Ruder und Hintersteven quer festgeklemmt hatte. Nachdem es durch schwere Arbeit gelungen war, den Riemen frei zu bekommen, langten wir 5 1/2 Uhr beim Dampfer an, warfen Anker und erhielten durch Zuwerfen von Leinen eine Verbindung. Da der Dampfer unter Dampf lag und der Druck den Kesseln entnommen werden mußte, verging eine gute

Stunde, bevor wir die aus sieben Mann bestehende Besatzung in unser Boot aufnehmen konnten. Um 7 1/2 Uhr morgens kamen wir in Prerow beim Bernsteinweg an Land. Die Schiffbrüchigen wurden sofort zum Zentralhotel geleitet, woselbst für Verpflegung gesorgt wurde. Das Boot, das sich bei dieser Rettungsfahrt glänzend bewährt hatte, brachten wir um 9 Uhr beim Schuppen an. Die Bootsmannschaft eilte nach Hause, um sich mit trockenen Kleidern zu versehen. Um 3 Uhr Nachmittags stellten wir das Boot gereinigt im Schuppen unter. Der Dampfer, "Otto Ippen XI", von Stettin, befand sich auf der Reise mit Stückgütern von Stettin nach Rostock.

deckte Motorrettungsboot "Matthäus Möller" fertiggestellt, das ebenfalls einen Stahlrumpf hatte und durch einen 80-PS-Diesel angetrieben wurde. Als weitere Neubauten des 11-m-Typs folgten 1938 noch die "Pommern" für die Station Leba sowie 1940 die "Nettelbeck", die in Kolberg beheimatet wurde.

Parallel zu den Umbau- bzw. Neubauprogrammen konnte die Entwicklung eines über den offenen Strand transportablen, leichteren Motorrettungsbootes und der dazu erforderlichen Transportmittel abgeschlossen werden. Auch das sogenannte "Strandmotorrettungsboot" wurde von vornherein als teilweise gedecktes Fahrzeug konzipiert, nachdem sich diese Bauweise bei den an feste Ablaufbahnen gebundenen Booten so gut bewährt hatte. Das dadurch bedingte Mehrgewicht gegenüber offenen Booten wurde durch eine neuartige, leichtere Bauweise des Mahagonirumpfes sowie durch Verwendung von Leichtmetallteilen beim Motor weitgehend ausgeglichen. Der erste Neubau eines solchen Strandmotorrettungsbootes konnte im Jahr 1934 seiner Bestimmung übergeben werden. Er war 9,23 Meter lang, hatte einen Tiefgang von 70 Zentimetern und erreichte mit seinem 56-PS-Dieselmotor eine Geschwindigkeit von neun Knoten. Der dazugehörige, ebenfalls neu geschaffene eiserne Transportwagen hatte sogenannte Raupenräder, wie sie nach 1900 in Einzelfällen auch bei hölzernen Transportwagen für Ruderrettungsboote verwendet wurden. Jedes einzelne Rad war rundherum mit lamellenartig beweglichen Stahlplatten versehen, die den Einzelgliedern einer Raupenkette glichen und die Auflagefläche des Rades vergrößerten. Obwohl die Räder erheblich weniger einsanken, erbrachten die mit dem neuen Boot angestellten Transportversuche, bei denen erstmals auch Traktoren erprobt wurden, kein befriedigendes Ergebnis. Mit seinem Gewicht von rund fünf Tonnen war das Boot – vor allem für den weichen Sand des Uferstreifens – einfach noch zu schwer. Da es unter diesen Umständen nicht ratsam war, das erste "Strandrettungsboot" der DGzRS tatsächlich am freien Strand einzusetzen, wurde es 1936 als Ersatz für die ausrangierte "Oberinspector Pfeifer" in Maasholm stationiert, wo ein Schuppen mit fester Slipanlage zur Verfügung stand. Gleichzeitig erhielt das Boot den Namen seiner Station.

Inzwischen war es der Gesellschaft gelungen, einen wesentlich leichteren Bootstyp zu entwickeln, der endlich alle Voraussetzungen für die Verwendung als echtes Strandmotorrettungsboot erfüllte. Das ebenfalls teilgedeckte Fahrzeug wog bei 8,5 Metern Länge nur knapp drei Tonnen und hatte lediglich 55 Zentimeter Tiefgang. Als Antrieb diente ein kompressorloser 35-PS-Dieselmotor, der dem Boot eine Geschwindigkeit von 8,5 Knoten verlieh. Der mit Stiftungen Bremer Firmen finanzierte erste Neubau dieses Typs wurde 1936 mit dem Namen "Vegesack" in Dienst gestellt und in Ording stationiert. Ihm folgten in den Jahren 1937 bis 1939 vier typgleiche Schwesterboote. Für den Transport der Boote über den Strand wurden anfänglich noch die vorhandenen hölzernen Ablaufwagen verwendet. Da deren Tragfähigkeit jedoch lediglich auf die 1,5 Tonnen der früheren Ruderrettungsboote abgestimmt war, mußten sie entsprechend verstärkt werden.

Zur Fortbewegung der Bootswagen griff man nach wie vor zunächst auf Pferde zurück, wobei allerdings eine neue Art der Bespannung zur Anwendung kam. Hatten bei Ruderrettungsbooten in der Regel sechs Pferde als Vorspann genügt, so wurden für die schwereren neuen Strandmotorrettungsboote mindestens acht Tiere benötigt, von denen vier im Vorspann gingen, während je zwei Pferde auf beiden Seiten des Bootes an Spreizen eingespannt waren. Auf diese Weise wurde gegenüber dem bisherigen, vorgespannten Sechserzug mindestens eine Pferdelänge eingespart, so daß die vordersten Pferde nicht mehr bis zur Schulterhöhe in die Brandung mußten, um den Wagen in eine ablaufgerechte Wassertiefe zu bringen.

Doch die Tage des Pferdezuges waren – zumindest für motorisierte Strandrettungsboote – inzwischen gezählt. Tatsächlich ließ sich der Wagen mit dem drei Tonnen schweren Boot trotz der erfolgten Umrüstung auf breitere Räder und stärkere Pferdebespannung in der Praxis allenfalls auf einigermaßen festem, ebenem Boden fortbewegen. In feuchtem, weichem Sand oder Schlick, wie er vor allem an der Nordseeküste

Land genießen konnte. Im weiteren Verlauf erwies sich allerdings dieser Ablöse-Rhythmus als ungünstig, weil die Männer in dem relativ kurzen Freitörn nicht genügend Abstand von der psychischen und physischen Belastung des langen, ununterbrochenen Bereitschaftsdienstes auf dem beengten Raum eines niemals ruhig liegenden kleinen Bootes gewinnen konnten. Während der letzten Kriegsjahre waren deshalb alle Boote des Sondereinsatzes mit zwei kompletten Besatzungen ausgestattet, die sich im festen 14-tägigen Rhythmus in ihrem Borddienst abwechselten. Wie anfänglich erwähnt, spielte sich der Sondereinsatz der Kü-

stenrettungsboote unter voller Eigenverantwortung der Gesellschaft ab. Das Oberkommando der Luftwaffe übte durch den dorthin berufenen DGzRS-Inspektor John Schumacher lediglich eine Art ministerieller "Fachaufsicht" mit entsprechender Richtlinienkompetenz aus. Die taktische Steuerung des Einsatzes der Boote sowie auch ihre logistische und personelle Führung verblieben hingegen in der uneingeschränkten Zuständigkeit der DGzRS-Seenotleitung in Bremen, an deren Spitze Kapitän Benno Mentz als Oberinspektor stand. Während der Sondereinsatz somit weitgehend in eigener Regie der Gesellschaft lief,

wurden einige andere Motorrettungsboote allerdings gänzlich ihrer Verfügungsgewalt entzogen und an die Kriegsmarine verchartert, um unter deren Befehl an den Küsten besetzter außerdeutscher Gebiete im Such- und Rettungsdienst verwendet zu werden. So wurden "Bremen", "Richard C. Krogmann" und ein 13-m-Neubau ohne Namen (Registriernummer KRB 207) noch im Jahre 1940 zur Kanalküste abgestellt. 1942 gingen "Ferdinand Laeisz" sowie "Heinrich Tiarks" in gleicher Mission an die Schwarzmeerküste, und 1943/44 folgte schließlich die Abstellung von "Heinrich Stalling", "Irene", "Vegesack" und "Johannes Meß"

---

Schiff zu bekommen, was aber nicht glückte. Nach vielen vergeblichen Versuchen gelang es dem Steuermann des gefährdeten Schiffes, durch Kriechen über dünneres Eis eine Leinenverbindung mit den Rettungsmannschaften herzustellen. Diese Leine wurde verstärkt, und unter Benutzung einer Schiffsluke als Schlitten konnten dann die 3 Personen, bestehend aus dem Kapitän, dessen Frau und dem Steuermann, einzeln zur Sandbank herübergezogen werden. Das ebenfalls zum Rettungsversuch ausgelaufene Spiekerooger Rettungsboot konnte das gefährdete Schiff wegen des Treibeises nicht erreichen und legte, während unsere Leute die Rettung ausführten, etwa 1 km unterhalb der Strandungsstelle bei derselben Sandbank (Jansand) an. Unsere Leute brachten nun über das Wattenis und durch die Priele den Kapitän und seine Frau nach hier. Der Steuermann hatte der Frau seine Stiefel gegeben, konnte die lange Wande-

rung nicht durchhalten und wurde deshalb von einem unserer Leute zum Spiekerooger Rettungsboot geleitet, das beide dann nach Spiekeroog mitnahm.

### c) Spiekeroog. Ruderrettungsboot. Bericht des Vormanns S. Hinrichs:

Am Montag, den 19. Dezember mittags meldete J. Frerichs, daß das Schiff "Aktief", bei dem wir am Sonnabend schon mit dem Boot waren, Notflagge zeigte. Wir verständigten sofort Neuharlingersiel. Von dort war keine Möglichkeit, mit dem Boot herauszukommen. Es wurde beschlossen, den Versuch zu unternehmen, von dort zu Fuß durchs Watt an das Schiff heranzukommen, während wir das gleiche mit unserem Boot versuchen wollten. Die Mannschaft wurde alarmiert und das Boot mit 6 Pferden unter großen Eisschwierigkeiten zu Wasser gelassen. Unser Boot wurde wieder mit 13 Mann besetzt, da wir viel Eisgang hatten. Wir versuchten nun, gegen den noch laufenden Ebb-

strom zu kreuzen, was aber nicht möglich war, da unser Kielschwert total vereist war. Wir holten das Boot jetzt in flachem Wasser mit einer Leine durchs Watt, bis wir über einen Bug segeln konnten. Das Schiff saß aber in festem Eis, und es war keine Möglichkeit, heranzukommen. Wir sahen jetzt auf der Sandbank mehrere Leute winken und drehten, um zu versuchen, dort heranzukommen, was uns auch unter großen Schwierigkeiten gelang. Es war die Mannschaft von Neuharlingersiel, welche die Besatzung übers Eis auf die Sandbank geholt hatte. Der Schiffer H. Jakobs und der Steuermann der "Aktief" gingen bei uns ins Boot, weil der Steuermann ohne Stiefel den weiten Weg nach Neuharlingersiel nicht machen konnte. Die anderen sind zu Fuß nach Neuharlingersiel gelaufen. Wir segelten nach Hause und brachten das Boot in den Schuppen. Der Fischer Jakobs und der Steuermann fanden hier auf der Insel bei unserer Bootsbesatzung gastliche Aufnahme.

nach Griechenland. In ihren Einsatzgebieten fuhren die neun Einheiten, von denen nur die "Bremen" Mitte 1944 zur DGzRS zurückkehrte, unter deutscher Kriegsflagge, wurden aber als reine Hilfsfahrzeuge nicht kämpfend eingesetzt. "Bremen" und "Richard C. Krogmann" behielten ihre DGzRS-Besatzungen, die allerdings von der Marine als Soldaten übernommen wurden. Die übrigen an die Marine abgegebenen Boote wurden an den Einsatzorten mit militärischem Personal neu besetzt.

Trotz Sondereinsatz und Auslandsverwendung eines erheblichen Teils der Motorrettungsboote mußte selbstverständlich auch der "normale" Seenotrettungsdienst unmittelbar unter den Küsten von Nord- und Ostsee weitergehen. Da die Gesellschaft aber nur noch über wenige, vornehmlich ältere und kleinere motorisierte Einheiten frei verfügen konnte, mußte sie sich zur Erfüllung dieser konventionellen Aufgaben im wesentlichen auf die noch vorhandenen Ruderrettungsboote und Raketenapparate stützen. Die Mannschaften dieser Stationen wurden allerdings – wenngleich ebenfalls weitgehend "uk" gestellt – nicht dienstverpflichtet, sondern behielten ihren Freiwilligenstatus. Die Einsatzbedingungen und Gefahren, unter denen die Rettungsmänner – ganz gleich ob "Dienstverpflichtete" oder "Freiwillige" – während des Krieges ihren friedlichen, humanitären Auftrag zu erfüllen hatten, unterschieden sich kaum oder gar nicht von denen der Marine.

Trotz fehlender Orientierungstonnen und gelöschter Leuchtfeuer mußten sie ihre Einsätze bei jedem Wetter fahren, dabei ständig der Gefahr von Treibminen und direkten Angriffen ausgesetzt. Zwar standen die Boote des "Sondereinsatzes" unter dem völkerrechtlichen Schutz der Genfer Konvention; bei Nacht und Nebel waren jedoch ihr weißer Anstrich und das rote Kreuz oft nicht erkennbar, zumal die Boote völlig abgeblendet fahren und weitgehend Funkstille einhalten mußten. Es kam daher gelegentlich doch zu irrtümlichen Beschießungen und Bombardierungen deutscher Rettungsboote (auch von der eigenen Seite), die aber glücklicherweise alle glimpflich abliefen. Gleichwohl blieben der Rettungsflotte schmerzliche Verluste durch Kriegseinwirkungen nicht erspart.

Am 28. November 1940 ging das im Sondereinsatz stehende Borkumer Motorrettungsboot "Hindenburg" mit seiner gesamten sechsköpfigen Besatzung unter Vormann Hans Lüken bei einer Rettungsfahrt verloren. Die Ursache blieb ungeklärt. Man kann nur vermuten, daß das Boot einem Minentreffer zum Opfer fiel, wie er im Juni 1942 auch der "August Nebelthau" zum Verhängnis wurde. Dabei verlor Vormann Hans Hartmann sein Leben, während die beiden übrigen Besatzungsmitglieder verletzt wurden. Das Boot konnte zwar geborgen werden, erwies sich jedoch als nicht mehr reparaturfähig.

Die im Sondereinsatz stehenden Einheiten, die Tag und Nacht, bei jedem Wetter weit draußen auf See auf ihren Positionen lagen, waren natürlich am Schiffskörper und an den Motoren einem besonderen Verschleiß ausgesetzt. Trotz ständiger Ausbesserungs- und Überholungsarbeiten war vorauszusehen, daß vor allem die älteren Boote die Dauerbeanspruchung nicht durchstehen würden und durch Neubauten abgelöst werden müßten. Aber auch die übrige Rettungsflotte bedurfte – insbesondere an der Ostseeküste – dringend einer Ergänzung durch Neubauten.

Im Jahre 1941 konzipierte daher die DGzRS ein umfangreiches Neubauprogramm. Alles in allem sah das auf mehrere Jahre angelegte Programm folgende Projekte vor:

◆ 16 gedeckte stählerne Doppelschraubenboote von 17 Metern Länge,
◆ 16 gedeckte stählerne Einschraubenboote von 13 und 14 Metern Länge,
◆ sowie 14 halbgedeckte Strandmotorrettungsboote von 10 Metern Länge und sechs Tonnen Gesamtgewicht in hölzerner Spezial-Leichtbauweise.

Bei der Festlegung der konstruktiven und technischen Details der Neubauten stützte sich die Gesellschaft einerseits auf die umfassende Erfahrung, die sie während der 30er Jahre bei der Entwicklung sowie im Betrieb von Motorrettungsbooten unterschiedlicher Typen und Größen sammeln konnte, andererseits wurden natürlich auch die seit Kriegsbeginn bei der Durchführung des Sondereinsatzes gewonnenen neuen Erkenntnisse verwertet, wodurch sich vor allem

## "Die Grundseen schlugen schon wieder über Deck…"
### Borkum, Groß-Motorrettungsboot "Hindenburg". Bericht des Vormanns Hans Lüken:

Der Dampfer "Gerrit Fritzen", Kapitän Kleen, Heimathafen Emden, lief am 23. November 1939 um 20.30 Uhr in den Lauwers Gründen auf. Durch den Lotsendampfer "Borkum" wurde sofort Schlepperhilfe angefordert. Am 25. November um 1 Uhr nachts wurde mir die Strandung durch Herrn W. Byl gemeldet. Um 2.30 Uhr meldete die Signalstation: "Der Lotsendampfer 'Borkum' meldet: Die vier Schleppdampfer, die bei dem gestrandeten Dampfer 'Gerrit Fritzen' sind, können keine Verbindung aufnehmen. Bei dem auffrischenden NW ist ein Rettungsboot an der Unfallstelle erforderlich." Ich alarmierte sofort einige Bootsleute. Wir fuhren mit der Draisine zur Reede und dampften um 3.30 Uhr aus dem Hafen. Wind NW 7, Flut. Mit Tageswerden waren wir an der Unfallstelle. Wegen der schweren Grundsee konnten die Schlepper keine Verbindung herstellen. Um 9.30 Uhr war Hochwasser. Gegen 8.30 Uhr brach die Ankerkette, der Dampfer wurde dwars geworfen, die See brandete über Deck. Wir konnten uns jetzt in Lee des Dampfers aufhalten. Einem Schlepper gelang es, Verbindung herzustellen, die Schlepptrosse brach aber bald. Da nun das Wasser fiel, gingen wir in Lee des Dampfers längsseits. Für die Besatzung bestand keine Gefahr, das Schiff machte noch kein Wasser. Wir verabredeten, daß das Rettungsboot in Bereitschaft bleibe. Der Inspektor der Reederei kam zu uns an Bord. 10.30 Uhr dampften wir nach Borkum zurück, da der Inspektor dringend telefonieren mußte. Um 13 Uhr waren wir im Hafen. Die Besatzung blieb an Bord

in Bereitschaft. Am 25. November um 7 Uhr dampften wir mit dem Inspektor wieder zur Unfallstelle. Wind SW 8-9, um 10 Uhr war Hochwasser. Das Rettungsboot "Insulinde" von der holländischen Rettungsgesellschaft war ebenfalls am 25. an der Unfallstelle eingetroffen. Drei Bergungsdampfer hatten Schleppverbindung und versuchten, den Dampfer abzuschleppen, der schwer arbeitete. Das Ruder war gebrochen, und er hatte bereits Wasser in den Räumen. Kurz darauf brachen die Trossen. Bis 13 Uhr arbeitete der Dampfer schwer in seinem aufgewühlten Bett. Mit halber Tide konnten wir in Lee anlegen und unser

Boot festmachen. Da das Wetter sich verschlechterte und der Wind aus NW wieder stärker wurde, wurde beraten, gegen Abend das Schiff zu verlassen. Um 11.30 Uhr erhielten wir über Norddeich folgenden Funkspruch: "An Rettungsboot 'Hindenburg'. Falls Abschleppversuch Dampfer 'Fritzen' erfolglos, Besatzung auf Grund Wetterlage bergen. Seeschiffahrtsbevollmächtigter." Mit einsetzender Flut – 15.40 Uhr – erreichte der Sturm in Böen Windstärke 10.

Die Grundseen schlugen schon wieder über Deck, so daß das Rettungsboot mehrmals von der überkommenden See eingedeckt wurde. Der Kapi-

tän gab Befehl, das Schiff zu verlassen. Seesack und Koffer wurden bei uns an Bord geworfen. Als die Mannschaft versammelt und abgezählt war, übernahmen wir sie mittels einer Jakobsleiter. Die Rettung klappte sehr gut, obwohl sie durch die überkommende See recht schwierig war. Auch die Schiffskatze, genannt Peter, wurde nicht vergessen. Als Letzter verließ der Kapitän sein Schiff. Er wurde, als er auf der Jakobsleiter stand, durch eine überkommende See überrascht und völlig vom Wasser eingedeckt. Mit einer günstigen See gelang der Sprung an Deck. Unsere Leinen wurden geslippt, und Volldampf machten wir uns vom Wrack frei. Durch die Grundsee arbeiteten wir uns in das Fahrwasser. Viele blickten noch zu dem Schiff, das jetzt von einer Grundsee überspült wurde und dem Tode geweiht war, zurück. Manches Lob mußte ich von den Schiffsoffizieren hören, die unser Boot bewunderten, als es durch die Grundsee fuhr. Um 19 Uhr erreichten wir den Borkumer Hafen. Nachdem ich telefonisch dem Strandvogt die Rettung gemeldet hatte, wurde von dort Unterkunft für die Schiffbrüchigen besorgt. Wohlbehalten trafen alle um 21 Uhr auf dem Bahnhof ein, wo die Besatzung in drei Hotels verteilt wurde. Gerettet wurden 32 Mann Besatzung, ein Seelotse und ein Inspektor der Reederei. Heute morgen, den 27., fuhr der Bergungsdampfer "Seebär" nochmals zur Unfallstelle. Nach einem hier eingelaufenen Telegramm von der "Seebär" ist der Dampfer "Gerrit Fritzen" durchgebrochen. Vorderschiff und Aufbauten sind nicht zu sehen, der hintere Mast steht noch.

in schiffbaulicher Hinsicht eine Anzahl wesentlicher Verbesserungen ergaben.

Eingeleitet wurde das Kriegsneubauprogramm der DGzRS mit einer Serie von sieben 13-m-Einschraubenbooten, die Anfang 1942 bei der Werft August Pahl in Hamburg-Finkenwerder in Auftrag gegeben wurden; zwei davon direkt von der DGzRS, die anderen von der Luftwaffe. Eines von ihnen wurde als dritter Träger des Namens "Hindenburg" in Cuxhaven stationiert und ersetzte dort die kurz zuvor durch Minentreffer zerstörte "August Nebelthau". Ein weiterer Neubau erhielt den Namen "Hermann Freese" und löste auf Am-

rum das alte Motorrettungsboot gleichen Namens (Baujahr 1912) ab, das als Austauschboot für Werftlieger nach Hörnum verlegt wurde.

In der zweiten Hälfte des Jahres 1942 wurden die fünf von der Luftwaffe bestellten Neubauten ihrer Bestimmung übergeben. Vier von ihnen ersetzten im Nordsee-Sondereinsatz die älteren Boote "Lübeck", "Carl Laeisz", "Geheimrat Heinrich Gerlach" und "Hamburg", deren Namen sie auch erhielten. Die abgelösten Fahrzeuge wurden teils als Reserveboote aufgelegt, teils unter neuem Namen im küstengebundenen Rettungsdienst weiter verwendet. Das fünfte Luftwaffenboot hingegen erhielt keinen Namen und wurde auch nicht zum Sondereinsatz in der

Nordsee abgestellt, sondern an die Kriegsmarine verchartert, die es unter der Registriernummer "KRB 207" an der Kanalküste für Such- und Rettungsaufgaben verwendete.

Neu bei dieser Bootsklasse war die Einrichtung von zwei wahlweise verwendbaren Fahrständen, die jeweils mit Armaturen zur Ruder- und Maschinensteuerung sowie zur Motorüberwachung ausgestattet waren. Der Hauptfahrstand befand sich in einem geschlossenen Ruderhaus, in dem auch die Sprechfunkanlage sowie das Funkpeilgerät untergebracht waren. An das Ruderhaus schloß sich achtern ein um ein halbes Deck höher liegender offener Fahrstand an, von dem aus beim Manövrieren das Vor- und Achterschiff besser

*Durch das rote Kreuz gekennzeichnet, unter dem Schutz der Genfer Konvention:*
*Die Boote der DGzRS im Sondereinsatz auf Such- und Rettungsfahrt während des Zweiten Weltkriegs*

überblickt werden konnte. Außerdem war im Mast ein Ausguckskorb angebracht, der vor allem bei Suchfahrten nützliche Dienste leistete, weil von höherer Warte aus rundum eine erheblich größere Sichtweite bestand. Besonders sorgsam durchdacht waren auch die Unterkunftsräume für die Besatzung. Für ein längeres Verweilen auf Seeposition konzipiert, hatten die Mannschaften Anspruch auf ein zumindest bescheidenes Maß an Bequemlichkeit und hygienischen Einrichtungen. So gab es im Vorschiff einen wohnlichen Aufenthaltsraum mit Bank- und Klappkojen und Schränken. In abgeteilten Nebengelassen bzw. Nischen befanden sich ferner eine Waschgelegenheit und Toilette sowie eine kleine Kombüse. Für die kalte Jahreszeit stand eine kohlebetriebene Warmwasserheizung zur Verfügung, deren Kessel gleichzeitig als Küchenherd benutzt werden konnte.

Von den sieben Booten des 13-m-Typs kehrte "KRB 207" nach dem Kriege vom Einsatz an der Kanalküste nicht mehr zurück; die "Hamburg" fiel im Juni 1947 einer der damals noch nicht restlos geräumten Seeminen zum Opfer, wobei die dreiköpfige Besatzung – Heinrich Jasper, Alfred und Ernst Laske – auf See blieb. Die übrigen fünf Boote der Serie wurden in der Zeit von 1958 bis 1961 durch modernere Seenotkreuzer abgelöst und verkauft.

Im Jahr 1943 wurde das Kriegsneubauprogramm der DGzRS mit einer Serie von vier Booten eines etwas größeren Typs von 14 Metern Länge fortgesetzt, die ebenfalls bei der

---

### "Noch einmal umfuhren wir das dem Tode geweihte Schiff..."

*Am 9. und 10. November 1940 hat der Vormann der Station Borkum, Hans Lüken, mit der Mannschaft des Großmotorrettungsbootes "Hindenburg" auf zwei schweren Rettungsfahrten die aus 20 Köpfen bestehende Besatzung des vor der Osterems gestrandeten finnischen D. "Minerva" glücklich der See entrissen.*

*Es war die letzte erfolgreiche Rettung, die von der Mannschaft der "Hindenburg" durchgeführt wurde.*

*Wenige Wochen später nahm die See Boot und Besatzung, die ihr so oft in hartem Kampf Menschenleben abgerungen hatten, zu sich in das nasse Grab.- Über seine letzte Rettungsfahrt berichtet Vormann Hans Lüken:*

Bei diesigem Wetter sichteten wir den gestrandeten Dampfer auf den Brauer-Platen. Er lag mit 45° Schlagseite nach Steuerbord und arbeitete schwer in der Grundsee.

Die Besatzung war damit beschäftigt, die aus Grubenholz bestehende Decklast über Bord zu werfen. Das Schiff war leck und drohte zu kentern. Es war nur möglich, von Luvseite anzulegen. Wir stellten Leinenverbindung her, scherten längsseits und nahmen mit günstigen Seen 13 Personen, davon 2 Frauen, über.

Bei der Bergung wurde unser Boot beschädigt, so daß wir uns vom Dampfer losmachen mußten. Er rollte mit einsetzender Flut jetzt sehr stark, so daß die Decklast in Bewegung geriet und über Bord ging. Die Schlagseite wurde immer stärker. Die noch an Bord befindliche Besatzung bestieg ein am Heck befindliches Boot und begab sich an Bord eines anderen in der Nähe der Unfallstelle liegenden Fahrzeuges, um dort die angeforderte Schlepperhilfe abzuwarten. Da diese zunächst ausblieb, wurde beschlossen, vorerst die an Bord der "Hindenburg" befindlichen Geretteten in Borkum zu landen, um dann nach der Unfallstelle zurückzukehren.

Am 10.11. verließen wir, wie verabredet, um 7 Uhr den Hafen Borkum. Das Wetter hatte sich weiter verschlechtert. SW-Sturm, grobe See und Regen.

Um 9 Uhr erreichten wir den Dampfer, der wrack geworden war. Wir mußten wieder am Heck anlegen. Das Boot arbeitete schwer. Mit Hilfe einer bereitgelegten starken Trosse ließen wir das Boot in die gefährliche Nähe des Wracks kommen, während ich das Boot mit dem Motor in Gewalt hielt. Trotzdem wurden wir mehrmals stark gegen die Bordwand geschlagen, wobei unser Boot neue Beschädigungen erhielt.

Es gelang uns, die noch an Bord befindlichen 8 Mann unverletzt überzunehmen. Als letzter verließ der Kapitän sein Schiff. Die Leine wurde gekappt. Mit voller Kraft machten wir uns frei. Noch einmal umfuhren wir das dem Tode geweihte Schiff, dann nahmen wir Kurs durch das Riffgat bei 1 Sm Sicht auf Borkum.

Werft August Pahl, Hamburg, in Auftrag gegeben wurden. Bei 4,55 Metern Breite und 1,38 Meter Tiefgang waren auch diese Fahrzeuge mit einem 150-PS-Dieselmotor ausgestattet und erreichten eine Geschwindigkeit von 8,5 Knoten. Eine ganz wesentliche Neuerung bestand darin, daß die Boote erstmals einen Turmaufbau erhielten, dessen unteres Deck das Ruderhaus mit geschütztem Steuerstand aufnahm, während darüber ein offener Fahrstand errichtet war. Der zunächst von manchem Vormann mit Skepsis betrachtete Turm erwies sich alsbald als eine richtungweisende Verbesserung, denn vom relativ hoch gelegenen oberen Fahrstand aus konnte man nicht nur gut manövrieren, sondern hatte auch eine weite Rundumsicht, so daß es keines besonderen Ausguckkorbes im Mast mehr bedurfte. Da zudem Gischt und Spritzer kaum bis zu dieser Höhe hinaufschlugen, gingen die Vormänner mehr und mehr dazu über, ihr Boot auch bei schwerem Wetter nur noch vom oberen, offenen Fahrstand des Turmes zu steuern. Auch heute noch bildet übrigens der Turmaufbau das charakteristische äußere Merkmal der deutschen Rettungsboote, er wurde allerdings auf den modernen Einheiten der Nachkriegszeit weitgehend in die übrigen Aufbauten einbezogen.

Die vier Boote wurden im Laufe des Jahres 1944 in Dienst gestellt und dem Sondereinsatz in der Nordsee zugeführt, wo sie ältere oder besonders reparaturanfällig gewordene Einheiten ersetzten. Das erste 14-m-Boot übernahm von einem 13-m-Luftwaffenboot, das umgetauft wurde, den Namen "Geheimrat Heinrich Gerlach". 1951 wurde es jedoch zu Ehren seines unerwartet verstorbenen, verdienten Vormanns in "Rickmer Bock" umbenannt. Die drei übrigen Fahrzeuge erhielten die Namen "Weser", "Borkum" und "Langeoog". Während "Borkum" 1963 durch den modernen Seenotkreuzer "Georg Breusing" ersetzt und als Schlepper verkauft wurde, standen "Weser", "Langeoog" und "Rickmer Bock" noch bis in die 80er Jahre im aktiven Rettungsdienst. Die "Weser" wurde 1969 von der südafrikanischen Rettungsgesellschaft erworben und fuhr – zunächst unter ihrem ursprünglichen Namen, später als "John Roberts" – von Kapstadt bzw. Durban aus noch manch spektakulären Einsatz, bis sie 1981 außer Dienst gestellt wurde. "Langeoog" wurde nach ihrer Aussonderung im Jahr 1980 von der Inselgemeinde, deren Namen sie trägt und in welcher sie 36 Jahre lang beheimatet war, angekauft und an Land aufgestellt, wo sie interessierten Besuchern zugänglich ist. Ebenfalls zum Besichtigungsobjekt auf dem Trockenen wurde die Anfang 1981 außer Dienst gestellte "Rickmer Bock". Sie steht auf dem Gelände der DGzRS-Zentrale in Bremen.

V on den im Kriegsneubauprogramm der DGzRS vorgesehenen 17-m-Doppelschraubenbooten konnten bis 1945 nur noch zwei Einheiten fertiggestellt werden, nämlich die bei August Pahl, Hamburg-Finkenwerder, in Auftrag gegebene vierte "Hindenburg" und die von Lürssen in Bremen-Vegesack gebaute "Norderney". Beide Boote, die 1944 fertiggestellt wurden, maßen 17,50 Meter in der Länge bei 5,00 Meter Breite und 1,40 Meter Tiefgang. Mit ihren beiden Dieselmotoren von je 150 PS Dauerleistung erreichten sie eine Geschwindigkeit von 10 Knoten. Ebenso wie die Boote der 14-m-Klasse erhielten auch sie einen Turmaufbau mit unterem geschlossenen und oberem offenen Steuerstand. Das größere Rumpfvolumen dieser Fahrzeuge erlaubte es, im Achterschiff einen zusätzlichen Aufenthaltsraum mit Bank- und Klappkojen einzurichten, so daß im Bedarfsfall mehr Platz für eine gesonderte Unterbringung von Geretteten zur Verfügung stand.

Während die "Norderney" im Jahr 1969 durch einen modernen Seenotkreuzer abgelöst und verkauft wurde, verblieb die "Hindenburg" noch bis 1979 im aktiven Dienst, zuletzt auf der Station Nordstrand. Nach seiner Aussonderung wurde das Boot dem Kieler Schiffahrtsmuseum übergeben, in dessen Hafen es als Besichtigungsobjekt für Besucher zugänglich ist.

Neben den vollgedeckten Fahrzeugen der 13-, 14- und 17-m-Klasse sah das Kriegsneubauprogramm der DGzRS auch eine Anzahl halbgedeckter Strandmotorrettungsboote von zehn Metern Länge und sechs Tonnen Gewicht vor, die von Bootsschuppen mit Slipwagen bzw. von Hafenliegeplätzen aus in den flachen Gewässern des unmittelbaren Küstenvorfeldes eingesetzt werden sollten.

Von der Konstruktion her entsprachen diese zehn Meter langen, 2,80 Meter breiten und 0,70 Meter tiefgehenden Mahagoniboote, die mit einem 60-PS-Dieselmotor ausgestattet waren, weitgehend dem bereits 1934 gebauten ersten Strandrettungsboot der DGzRS, "Maasholm". Die Boote wurden 1944 bei den Werften Lürssen und Abeking & Rasmussen als Gemeinschaftsproduktion in Auftrag gegeben. Fünf Einheiten wurden im gleichen Jahr abgeliefert; Anfang 1945 befanden sich noch weitere im Bau. Zwei davon gingen kurz vor ihrer Fertigstellung durch einen Brand im Werftschuppen verloren. Die beiden übrigen wurden 1945 unter den Namen "Wilhelmine Wiese" und "Ulrich Steffens III" in Dienst gestellt. Die beiden zuletzt gebauten Einheiten wurden erst 1977 aus dem aktiven Rettungsdienst ausgesondert. Die "Ulrich Steffens" steht seither als Besichtigungsobjekt in dem als lokales DGzRS-Museum eingerichteten Rettungsschuppen von Neuharlingersiel.

Aus heutiger Sicht bleibt festzuhalten, daß die DGzRS in der äußerst schwierigen Phase der dreißiger Jahre sowie während des Zweiten Weltkriegs ihre Eigenständigkeit – soweit es die Verhältnisse zuließen – bewahren konnte. Selbstverständlich existierte auch die Deutsche Gesellschaft zur Rettung Schiffbrüchiger nicht in einem "luftleeren Raum"; als ein ausschließlich vom Volk getragenes Rettungswerk war sie zu jeder Zeit auch ein Abbild der gesellschaftlichen Verhältnisse und Kräfte im Land. Sicher, die Machthaber im "Dritten Reich" haben sich immer wieder und gern in der Öffentlichkeit als Förderer des Rettungswerks dargestellt und sich zu seinen Idealen und Tugenden bekannt, aber als einer unabhängigen, unpolitischen Institution, die ausschließlich humanitären Zielen verpflichtet ist, ist der DGzRS eine Gleichschaltung erspart geblieben.

Abgesehen vom erweiterten Aufgabengebiet im Rahmen des "Sondereinsatzes", den die Boote im übrigen für Freund und Feind fuhren, konnte die Gesellschaft an ihren gewachsenen Strukturen festhalten und den "alltäglichen" Rettungsdienst – natürlich durch die Kriegswirren eingeschränkt – fortführen. Heutzutage wird darin ein entscheidender Vorteil einer Rettungsorganisation auf privater, nichtstaatlicher Basis gesehen, die auch in Krisenzeiten im Zeichen des roten Kreuzes und unter dem Schutz der Genfer Konvention ihre Aufgabe weitgehend erfüllen kann.

In zahlreichen Presseveröffentlichungen ist über Einsätze berichtet worden, bei denen von der DGzRS beispielsweise über See abgeschossene "feindliche" Piloten gerettet wurden. Darüber hinaus wurde von Fahrten einiger Rettungsboote der DGzRS berichtet, bei denen verfolgten Menschen zur Flucht verholfen wurde, indem sie in "Nacht und Nebel"-Aktionen vom Festland auf Schiffe gebracht wurden, die draußen auf See warteten. Dies mag ein Beleg für die persönliche Handlungsfreiheit sein, die Rettungsmänner immer für sich in Anspruch nahmen. All diese Aspekte trugen schließlich dazu bei, daß der Wiederaufbau der DGzRS-Rettungsflotte nach 1945 von den westlichen Besatzungsmächten nicht nur geduldet, sondern unterstützt wurde.

*Auf der Werft: 13-Meter-Motorrettungsboote aus dem Kriegsneubauprogramm*

## "… kriechend über das brüchige Scholleneis den Strand zu erreichen …"

Bei eisigem Oststurm und dichtem Schneetreiben strandete am 5. März 1942 ein Lotsendampfer nördlich von Spiekeroog. Ein Minensuchboot und ein Vorpostenboot der Kriegsmarine versuchten trotz schwerer Treibeishinderung, die Mannschaft des Lotsendampfers, über den ständig grobe Seen hinweggingen, zu bergen. Bei dieser Aktion kenterte ein Kutter des Minensuchbootes. Die Kutterbesatzung wurde bis auf einen Mann durch das Vorpostenboot, das bei dieser Hilfeleistung selbst auf flachen Grund geworfen wurde, gerettet.

Inzwischen war auch von unserer Rettungsstation Langeoog, die mit einem Ruderrettungsboot ausgerüstet ist, Alarm gegeben worden. Für das Rettungswerk stand unserm Vormann Kapitän Hillrich Kuper jr. nur das Ruderrettungsboot zur Verfügung, da die in den Nachbarstationen stationierten Motorrettungsboote wegen der völligen Vereisung des Watts und der See nicht zum Einsatz kommen konnten.

Es galt nun zunächst, in dem völlig vereisten Küstengebiet eine eisfreie Stelle zu suchen. Das Boot wurde mit einem Vorspann von 8 Pferden an eine geeignet erscheinende Strandstelle gebracht, doch hatte sich überall das Eis zu so hohen Bergen gestaut, daß ein Zuwasserbringen des Bootes trotz eines Einsatzes von 40 Soldaten nicht möglich war. Erst mit dem Einsetzen des Ebbstromes am Nachmittag wurden die gewaltigen Treibeismassen vom Strand abgesetzt und das Wasser soweit frei, daß es mit der Unterstützung der 40 Soldaten gelang, wiederum über hohe Eisberge das Boot zu Wasser zu bringen.

Nach mehrstündigem Kampf mit Eis und See gelang es dem Rettungsboot, an das stark vereiste und bereits teilweise vollgelaufene Vorpostenboot heranzukommen und 12 Schiffbrüchige in das Boot zu übernehmen. Da im Rettungsboot bereits 12 Mann Besatzung waren, so war das Boot durch das Hinzukommen der 12 Schiffbrüchigen schwer beladen.

Bei sehr ungünstigem Wind und Strom wurde die Heimfahrt angetreten, aber es gelang zunächst nicht, von den Sandbänken freizukommen. Die Lage, in der sich das Rettungsboot befand, war sehr gefährlich, und es mußte die ganze Kraft der Mannschaft eingesetzt werden, um von den Sandbänken freizukommen, was nach 3 1/2 Stunden schwerer Arbeit und bei 12 – 14 Grad Frost gelang. Mit der Flut setzte aber wiederum starkes Treibeis ein, so daß das Boot vom Eis bald fest umklammert war. Da es sich jedoch in der Mitte des Fahrwassers befand, bestand vorerst keine Gefahr, von dem Eis auf Grund gesetzt zu werden. Mit dem günstigen Strom wurde das Rettungsboot schließlich an das Ostende der Insel Baltrum geschoben. Die Eisbewegungen und die ungefähre Lage, in der sich das Boot befand, wurden durch Scheinwerfer, die von Langeoog und Baltrum das Eis dauernd beleuchteten, festgestellt. Erst um Mitternacht kam das Eis zum Stehen. Das Rettungsboot befand sich jetzt noch ca. 60 Meter vom Strand an einer Stelle mit ca. 20 Meter Wassertiefe.

Da bestimmt damit zu rechnen war, daß binnen kurzer Zeit das Boot mit dem Eis wieder hinaustreiben würde, entschloß sich der Vormann Kuper, den Versuch zu machen, den Strand über das zusammengeschobene Treibeis zu erreichen. Es wurden nun Bootsriemen zu Hilfe genommen, und der Rettungsmannschaft sowie den Schiffbrüchigen gelang es, in mühevollem Ringen kriechend über das brüchige Scholleneis den sicheren Strand zu erreichen. Eine Bergung des Bootes war nicht möglich.

Nach einer Stunde Fußmarsch in harter Frostnacht gelangten die Retter und die Schiffbrüchigen schließlich in Witjes Strandhotel, wo den Kranken von einer DRK-Schwester Erste Hilfe zuteil wurde. Am nächsten Tag konnte die Rettungsmannschaft zu Fuß über das Eis den Rückmarsch zum Festland antreten, während die Kranken im Schlitten transportiert wurden.

Diese Rettungstat, die wiederum Mut, Ausdauer und höchste Einsatzbereitschaft unserer freiwilligen Rettungsmannschaft zeigt, verdient höchste Anerkennung. Sie mußte unter unfaßbaren, kaum zu ertragenden Bedingungen durchgeführt werden.

Gleichzeitig mit der Rettungsstation Langeoog waren auch unsere Rettungsstationen Helgoland und Cuxhaven alarmiert worden. Trotz schwierigster Wetterlage liefen die Motorrettungsboote der beiden Stationen aus, ohne allerdings infolge der vorerwähnten Eisschwierigkeiten noch zum Einsatz zu kommen. Trotzdem haben die Mannschaften auch auf dieser vergeblichen Rettungsfahrt hohes seemännisches Können und Einsatzfreudigkeit bewiesen.

Es handelt sich um die Motorrettungsboote "Daniel Denker" und "August Nebelthau".

# Existenzkrise und Wieder- Aufbau

**D**er Zusammenbruch des Deutschen Reiches nach der totalen Niederlage von 1945 hatte auch für das deutsche Seenotrettungswerk einschneidende und schmerzliche Veränderungen zur Folge. Durch die Abtrennung Ostpreußens und Pommerns sowie auch durch die politische und gesellschaftliche Eigenentwicklung der "Sowjetischen Besatzungszone" Deutschlands gingen der DGzRS 70 Rettungsstationen zwischen Lübeck und Memel mit ihrem gesamten Inventar verloren. Einige Motorrettungsboote hatten zwar – mit Flüchtlingen überladen – in letzter Minute noch westliche Häfen erreichen können; soweit sie dabei ins Ausland verschlagen wurden – wie z.B. "Konsul John" und "Konsul Köpke" –, wurden sie jedoch von den dortigen Behörden festgehalten und beschlagnahmt.

An den Küstenabschnitten zwischen Borkum und Sylt sowie zwischen Schlei und Travemünde verfügte die DGzRS nach Kriegsende nur noch über 40 Rettungsstationen, davon 30 an der Nordsee und zehn an der schleswig-holsteinischen Ostseeküste. An Motorrettungsbooten waren der Gesellschaft noch 39 verblieben, von denen 20 auf Wunsch und Anweisung der alliierten Besatzungsmächte den Sondereinsatz in der Nordsee in der bisherigen Form weiter aufrechterhalten sollten. Zur besseren Steuerung und Überwachung des Einsatzes mußte Kapitän John Schumacher, der nach seiner Rückkehr aus Berlin als Nachfolger von Benno Mentz die Inspektion übernommen hatte, sein Büro mit der Seenotleitung vorübergehend nach Cuxhaven verlegen; das Gebäude der Hauptverwaltung in Bremen war 1944 bei einem Luftangriff zerstört worden, und in der Behelfsunterkunft im Keller der HANSA-Reederei standen nur unzureichende, provisorische Kommunikationsmittel zur Verfügung.

## "... mußte auf dem Fahrgastschiff mit einer Kesselexplosion und verheerenden Folgen gerechnet werden..."

Borkum und Juist. Am 4. März 1948 kurz vor 17 Uhr wurden auf Borkum in Richtung Fischerbalje Gefahrensignale gehört und gleichzeitig wurde von H. Aikes, Reede, telefonisch gemeldet, daß sich ein Schiff in Seenot befände. Bei leichter Ost-Nord-Ost-Brise und ruhiger See herrschte sehr starker Nebel. Die Sicht betrug höchstens 30 bis 50 Meter. Das Motorrettungsboot "Borkum" lief unter dem Vormann Wilh. Eilers sofort zur Hilfeleistung aus. Es war kurz vor Hochwasser. Querab von Tonne F 2 in der Fischerbalje fand man das Fahrgastschiff "Kaiser Wilhelm II" der Borkumer Kleinbahn-A.G. Es war fahrplanmäßig von Emden nach Borkum unterwegs gewesen und bei dem dichten Nebel auf den Leitdamm aufgelaufen; dort lag es mit etwa 15 Grad Backbord-Schlagseite und gab ununterbrochen Gefahrensignale. Das Achterschiff war bis zum Maschinenschott voll Wasser und beim Brechen des Maschinenschotts

mußte mit einer Kesselexplosion gerechnet werden, die verheerende Folgen haben mußte.

Das Rettungsboot ging sofort längsseit und nahm insgesamt 109 Fahrgäste - unter ihnen einen Kindertransport mit 59 Kindern - sowie drei Personen von der Bordkantine an Bord. Die Übernahme erfolgte in der Reihenfolge Kinder, Frauen, Männer. Auch das Handgepäck dieser Fahrgäste wurde übernommen und alles ohne Zwischenfall im neuen Borkumer Hafen gelandet. Während die "Borkum" in den Hafen einlief, passierte sie das Motorrettungsboot "Juist" unter Vormann Bittner, das gerade von Emden nach Borkum gekommen war und dort von dem Seenotfall in Kenntnis gesetzt, wieder zur Fischerbalje auslief. Die "Juist" nahm nun die Post und einige Eilgüter sowie Milch, Schweine usw. an Bord. Mit ungefähr einer Tonne Ladung fuhr sie zum Hafen und löschte dort. Inzwischen erreichte die "Borkum" wieder die Unfallstelle. Die Sicht war unverändert sehr schlecht. Sie fand den Dampfer mit noch mehr Schlagseite und ständig steigendem Wasser im Achterschiff. Durch Funk-

Telefonie wurde die genaue Lage an die Rettungsfunkstation gemeldet, so daß die Kleinbahn-A.G. die im Borkumer Hafen bereit liegenden Frachtfahrzeuge zur Bergung der Stückgüter einsetzen konnte. Danach übernahm das Rettungsboot weitere Güter, vor allem Kantinenausrüstung, Seesäcke, Betten und Kleidung der Besatzung und brachte alles an Land. Inzwischen war der Bergungsschlepper "Titan" bei Tonne F 2 vor Anker gegangen und hatte eine Pumpe an Bord gebracht. Nachdem das Rettungsboot seine Güter gelöscht hatte, nahm es ein Arbeitskommando der Kleinbahn-A.G. mit zur Unfallstelle, damit dort die Löscharbeiten beginnen konnten. Noch immer unter gleichen Wetterverhältnissen traf das Boot um 19 Uhr beim Dampfer ein. Auch die "Juist" hatte inzwischen ein Löschkommando zur Unfallstelle gebracht. Dort war das Licht ausgefallen und deshalb unterstützten die Rettungsboote durch zwei Scheinwerfer die Löscharbeiten. Nach deren Beendigung um 21.20 Uhr wurde das Arbeitskommando sowie die hierfür eingesetzten Frachtfahrzeuge vom Motorrettungsboot "Juist" durch

dichten Nebel zum Hafen gelotst. Die "Borkum" blieb auf Bitten des Kapitäns des D. "Kaiser Wilhelm II" und des technischen Betriebsleiters der Borkumer Kleinbahn-A.G. die Nacht über bei dem Dampfer, um die Lichtversorgung aufrecht zu erhalten. Für das Schiff, das jetzt 30 Grad Schlagseite hatte, bestand die Gefahr des Kenterns. Im Laufe der Nacht versagten die eingesetzten Benzinpumpen und mit der beginnenden Flut nahm das Wasser im Schiff stark zu. Deshalb wurde nachts um 2 Uhr der Betriebsleiter der Kleinbahn-A.G. an Land gesetzt, um neue Pumpen herbeizuschaffen. Auch die "Juist" hatte im Laufe der Nacht mehrere Fahrten zwischen Borkum und der Unfallstelle unternommen und dabei u.a. drei Frachtschiffe in den Hafen gelotst.

Die neuen Pumpen wurden kurz vor 5 Uhr mit allem Zubehör von den beiden Motorrettungsbooten "Juist" und "Borkum" verladen und zur Unfallstelle gebracht. Das Ein- und Auslaufen bei diesen Nachtfahrten war durch den starken Nebel äußerst schwierig. Jetzt, bei steigendem Wasser, bestand eine Kentergefahr für "Kaiser Wilhelm II" nicht mehr. Gegen 7 Uhr lotste die "Borkum" den gleichfalls bei der Bergung helfenden Fischkutter "Anna Margareta", dessen Kompaßanlage unklar war, in den Hafen. Das Motorrettungsboot "Juist" blieb zunächst allein zur allgemeinen Sicherung bei der Unfallstelle und übernahm verschiedene Hilfeleistungen und Fahrten zwischen Bergungsdampfer und Havaristen. Um 14 Uhr lief die "Borkum" wieder aus zur Ablösung der "Juist", die von dem Küstenfrachter "ARN II" einen Kranken übernahm und an Land brachte. Es handelte sich um eine Blutvergiftung. Mit Lenzpumpen und einem Faß Benzin kehrte die "Juist" zurück.

Inzwischen hatte die "Borkum" Leute von "Kaiser Wilhelm II" auf "Titan" übergesetzt und die Schleppverbindung hergestellt. Gegen 16.30 Uhr wurde der Dampfer flott und von "Titan" abgeschleppt. Die "Borkum" drehte auf Einlaufkurs und schleppte weiter bis Tonne F2. Hier nahm "Titan" den Dampfer längsseit, wobei das Rettungsboot leichte Beschädigung erlitt. Da nach kurzem Aufklaren wieder dichter Nebel herrschte, war ein Einlaufen unmöglich und der Schlepper ankerte mit dem Havaristen in der Balje. Um 18 Uhr holte das Rettungsboot die von Land eingesetzten 12 Mann Pumpenbedienung vom Dampfer und lief damit ein.

Auch am nächsten Tag, dem 6. 3., herrschte noch sehr starker Nebel. Um 10.15 Uhr lief das Motorrettungsboot "Borkum" mit dem Betriebsleiter der Borkumer Kleinbahn-A.G. zu den immer noch in der Fischerbalje vor Anker liegenden Fahrzeugen, um die Verproviantierung der Besatzung zu regeln. Es wurde beschlossen, die beiden Schiffe in den Hafen zu lotsen. Das Rettungsboot setzte auf dem Molenkopf einen Mann ab, der, um die Einfahrt zu ermöglichen, laufend Nebelsignale mit der Glocke gab. So gelang es dem Motorrettungsboot, den Schlepper mit dem Havaristen in den Hafen zu lotsen und beide Fahrzeuge bis an die Pier zu bringen, wodurch der Bergungsschlepper gegebenenfalls für andere Aufgaben zur Verfügung stand. "Kaiser Wilhelm II" wurde am selben Abend von den beiden Motorrettungsbooten zur Abdichtung des Lecks im Hafen bei Hochwasser auf Grund gesetzt.

Damit war ein 50stündiger, fast pausenloser Einsatz der beiden Rettungsboote, erschwert durch Dunkelheit und undurchdringlichen Nebel, erfolgreich beendet.

Die Verlegung nach Cuxhaven war auch deshalb von Vorteil, weil sich dort die für die Überwachung der deutschen Küstengewässer zuständige Kommandobehörde der ROYAL NAVY befand. Diese Stelle förderte die Fortführung des deutschen Seenotrettungsdienstes in jeder Hinsicht. Neben großzügiger laufender Unterstützung bei der Treibstoffversorgung und Instandhaltung der Rettungsflotte verdankt die Gesellschaft den Engländern nicht zuletzt auch die Überlassung beträchtlicher Vorräte an hochwertigem elektronischem Material aus ehemaligen Wehrmachtsbeständen, deren Verwertung später wesentlich zur Überbrückung der durch die Währungsreform erlittenen temporären Liquiditätskrise beitrug. Eine nicht minder große finanzielle Aufbauhilfe für die DGzRS bildete eine von der britischen Militärregierung 1948 angeordnete tonnagemäßig gestaffelte Abgabe, die ausländische Schiffe beim Anlaufen deutscher Häfen sowie beim Passieren des Nord-Ostsee-Kanals zugunsten des Rettungswerks zu entrichten hatten.

**I**n der "Sowjetischen Besatzungszone" war unmittelbar nach Kriegsende im Seenotrettungswesen zunächst ein Vakuum entstanden, und die Bemühungen der DGzRS, auch dort mit dem Wiederaufbau von Rettungsstationen zu beginnen, blieben erfolglos. 1950 begann das Gesundheitswesen des damals noch bestehenden Landes Mecklenburg, einen Seenotdienst aufzubauen, der bald darauf an Schiffahrtsbehörden delegiert wurde. Im Januar 1955 übernahm das Deutsche Rote Kreuz der DDR diese Aufgaben. Ein Teil der vorgefundenen Ruderrettungsboote und Raketenapparate wurde dem Seenotdienst wieder zugeführt. Zusätzlich baute die VEB Schiffs- und Bootswerft in Rostock-Gehlsdorf in der Zeit von 1953 bis 1954 die vier Motorrettungsboote "Arkona", "Stoltera", "Darsser Ort" und "Poel", die jeweils eine Länge von rund 18 m hatten und eine Geschwindigkeit von zehn Knoten erreichten. Außerdem wurde das 1912 bei Abeking & Rasmussen erbaute und bis 1939 in Neufahrwasser stationierte DGzRS-Boot "Dr. Fehrmann" gründlich erneuert und 1956 unter dem Namen "Ruden" in Dienst gestellt.

Zu jener Zeit verfügte der Seenotdienst der DDR somit über fünf Motorrettungsboote, fünf Ruderrettungsboote und sieben Raketenapparate, die auf insgesamt sieben Stationen verteilt waren. Vergleichbar mit dem schon früher von der DGzRS praktizierten System stellten zum Teil Lotsen die Vorleute dieser Stationen.

1955 wurden zwischen den beiden deutschen Seenotrettungsdiensten erste Kontakte aufgenommen, die zwei Jahre später zu einem Abkommen über gegenseitige Hilfe im Seenotrettungswesen führten. Seit November 1968 untersteht der Seenotdienst dem Seefahrtsamt der DDR, das für Sicherheit und Ordnung im Seeverkehr zuständig ist sowie für die Seenotleitung – RCC Rostock.

Von den ursprünglich gebauten vier Motorrettungsbooten befinden sich im Jahr 1986 noch "Poel" und "Darsser Ort" im Dienst. Zwischenzeitliche Pläne der DDR, neue Einheiten in Anlehnung an DGzRS-Seenotkreuzertypen zu bauen, konnten nicht realisiert werden. Daraufhin wurden in Polen zwei Rettungsboote auf der Basis des dortigen Typs "R 17" in Auftrag gegeben, die 1974 und 1975 als die neuen "Arkona" und "Stoltera" abgeliefert wurden. Diese beiden Einheiten sind 20,92 m über alles lang und laufen 10 Knoten. Wie mit allen

anderen Anrainern auch, arbeitet die DGzRS mit dem Staatlichen Seenotdienst der DDR bei Such- und Rettungsmaßnahmen im Grenzgebiet unbürokratisch und kollegial zusammen.

Zurück zur DGzRS. An eine weitere Verwirklichung des noch nicht abgeschlossenen Kriegsneubauprogramms war unter den einschneidenden Veränderungen nach 1945 natürlich nicht mehr zu denken. Realisiert werden konnten hingegen einige größere Umbauvorhaben, die sich in der Praxis des Sondereinsatzes als notwendig bzw. zweckmäßig erwiesen hatten. So erhielten z.B. die Kriegsneubauten des 13-m-Typs anstelle des im Mast angebrachten Ausguckkorbes nunmehr einen ähnlichen Turmaufbau, wie ihn die 14- und 17-m-Boote bereits hatten. Die größeren Einheiten wurden darüber hinaus mit einem Beiboot und der dazu erforderlichen Absetzvorrichtung in Form eines Ladebaumes an jeder Seite ausgestattet. Auch die Kommunikations-

*Das ehemalige Domizil in der Martinistraße 41*

*Der Oberländer Hafen: Einst beliebter Badestrand…*

mittel der Boote erfuhren eine Verbesserung durch Einbau der ersten UKW-Sprechfunkanlagen, die aus ehemaligen Wehrmachtsbeständen stammten. Die zur Erhaltung der Einsatzbereitschaft unerläßliche regelmäßige Überholung und Instandhaltung der Boote und ihrer Motoren war dank Unterstützung seitens der britischen Besatzungsmacht trotz der allgemeinen Materialverknappung nach wie vor im notwendigen Umfang gewährleistet. Die Arbeiten wurden zum großen Teil von der eigenen Werftdienststelle der Gesellschaft durchgeführt, die 1943 in Brake-Kirchhammelwarden (Unterweser) eingerichtet worden war, weil dort weniger mit Störungen des Betriebsablaufs durch Luftangriffe zu rechnen war als in Bremen. Komplizierte Reparaturen wurden natürlich – wie bisher – an Werften vergeben.

Während die Inspektion von Cuxhaven aus unter Aufsicht britischer Kommandobehörden den Einsatz sowie die Versorgung und Instandhaltung der Rettungsflotte steuerte, betrachtete es der in Bremen verbliebene Vorstand als seine vordringlichste Aufgabe, zunächst den Fortbestand der DGzRS als Institution zu sichern. Nach langwierigen Verhandlungen und gründlicher Überprüfung durch die US-Militärregierung (Bremen als Sitz der Gesellschaft war amerikanische Enklave in der britischen Besatzungszone) konnte der von Hermann Helms präsidierte Vorstand im Februar 1947 schließlich die Erlaubnis erwirken, daß die DGzRS ihre Mitglieder- und Spendenwerbung in der bisherigen Weise fortsetzen durfte. Als nächsten Schritt nahm Helms nun den Wiederaufbau der durch Errichtung von Besatzungszonen zerfallenen Binnenorganisation der Gesellschaft in Angriff, um den nahezu versiegten Spendenfluß wieder in Gang zu bringen und damit die Grundlage für eine von fremder Hilfe unabhängige Fortführung des Seenotrettungswerks zu schaffen.

Nach ermutigenden Anfängen brachte allerdings die Währungsreform im Juni 1948 bereits wieder einen schmerzlichen, vorübergehend sogar existenzbedrohenden Rückschlag. Von einem Tag auf den anderen verlor die DGzRS fast ihre gesamten Barmittel und sah sich zu einschneidenden Maßnahmen gezwungen, von denen auch der Rettungsdienst nicht verschont werden konnte. So mußte sich der Vorstand insbesondere entschließen, einen großen Teil der in festem Dienstverhältnis stehenden Mannschaften der Großmotorrettungsboote wieder in ihren Vorkriegsstatus als "Freiwillige" zurückzustufen, weil einfach nicht genug Geld für die Weiterzahlung der Heuern vorhanden war. Das bedeutete, daß von den Seepositionen des auf alliierten Wunsch aufrechtzuerhaltenden "Sondereinsatzes" nur noch etwa ein Drittel besetzt werden konnte, weil hierzu natürlich "vollbeschäftigte" Besatzungen unerläßlich waren. Die übrigen großen Einheiten wurden aus dem Sondereinsatz herausgezogen und in Häfen in Bereitschaft gelegt. Auf ihnen verblieben jeweils nur ein bis zwei hauptamtliche Rettungs-

*…und seit 1952 Standort der neuen Hauptverwaltung*

*Die Seenotleitung Bremen Anfang der 50er Jahre*

# Sturmtragödie vor Norderney

Am Mittag des 10. Dezember 1949 wurde der Bagger "Löwe" durch einen Schlepper aus dem Hafen von Norderney durch das Dovetief geschleppt und draußen auf 10 bis 12 m Wassertiefe verankert. Er sollte von hier durch den Hochseeschlepper "Wangerooge" aus Emden abgeholt und nach Kiel überführt werden. Nachdem aber der Hochseeschlepper bis zum Abend nicht erschienen war, lief um 21.45 Uhr das Motorrettungsboot "Norderney" mit dem Baustellenleiter der Baggerfirma aus, um die Lage des Baggers festzustellen. Bei auflaufendem Wasser wehte nordöstlicher Wind in Stärke 3 bis 4. Um 22.30 Uhr wurde der Bagger erreicht, der zwischen der Ansegelungstonne Dovetief und der Norderneyer Heultonne vor zwei Ankern lag. Von dem Seeschlepper war noch nichts zu sehen. Das Rettungsboot hielt sich ungefähr eine Stunde bei dem Bagger auf und die Lage wurde mit dem Baggerführer besprochen. Das Fahrzeug lag ruhig. Es wurde beschlossen, daß das Rettungsboot wieder nach Norderney einlaufen und nochmals wegen des Schleppers telefonieren sollte. Um 0.30 Uhr erreichte die "Norderney" wieder den Hafen.

Da Wind und See nun an Stärke zunahmen, lief das Rettungsboot um 2.50 Uhr zum zweiten Male aus. Am Liegeplatz des Baggers angekommen, wurde dieser dort nicht mehr vorgefunden, doch waren in nordöstlicher Richtung Lichter zu sehen, und es wurde bestimmt angenommen, daß der Schlepper inzwischen eingetroffen und mit dem Bagger nach Kiel abgedampft sei. Darum lief das Rettungsboot wieder ein und

machte um 5.20 Uhr im Hafen von Norderney fest.

Im Morgengrauen um 7.50 Uhr rief die Seenotfunkstelle Norderney an und meldete, daß eine Schute zirka 1 bis 2 Seemeilen östlich des Dovetiefs vor Norderney auf dem Riff gestrandet sei. Das Rettungsboot lief daraufhin erneut aus, konnte aber, da Niedrigwasser war, nicht direkt an das Wrack heranfahren. Verschiedene Male mußte es umkehren, bis es endlich gelang, durch eine schmale Rinne an das Wrack heranzukommen.

Die Rettungsmänner bemerkten jetzt auch, daß sich auf der Bordkante Schiffbrüchige befanden. Fünf Männer und eine Frau lagen in zirka 5 bis 6 m Höhe völlig erschöpft auf der Bordwand.

Bei bedecktem Wetter wehte stürmischer Nordnordostwind in Stärke 7. An der Unfallstelle stand eine außerordentlich schwere Brandung. Immer und immer wieder wurde das Rettungsboot vom Wrack abgeschlagen. Endlich gelang es den Rettern,

einen Mann zu übernehmen. Die anderen waren nicht mehr fähig abzuspringen. Vom Rettungsboot wurde eine Leine übergeworfen und den Schiffbrüchigen zugerufen, daß sie sich anseilen sollten. Als erste wurde die Frau angeseilt, von den Rettungsmännern vom Wrack abgezogen und dann aus dem Wasser an Bord geholt. Sie hatte Verletzungen an beiden Beinen und lag wie tot an Deck des Rettungsbootes. Nach und nach wurden in gleicher Weise drei Mann vom Wrack abgeborgen. Der Baggerführer versuchte überzuspringen, geriet dabei aber zwischen Wrack und Boot und verunglückte tödlich. Mit dem Bootshaken konnte seine Leiche noch erfaßt werden, doch schlug sie ein schwerer Brecher wieder los. Die Leiche konnte nicht geborgen werden und ist später angetrieben.

Die Rettungsaktion, wohl die schwerste, die das Rettungsboot "Norderney" bisher durchgeführt hat, dauerte 1 1/2 Stunden. Auf der Rückfahrt wurden durch Telefonie-Sendung ein Arzt und zwei Krankenwagen zum Hafen bestellt. Der Vorsitzende des Ortsausschusses hatte alles organisiert, und nachdem das Boot um 11.30 Uhr eingelaufen war, wurden die fünf geretteten Schiffbrüchigen sofort ins Krankenhaus Norderney gebracht.

Zwei Mann der Baggerbesatzung waren, als der Bagger kenterte, schon ums Leben gekommen. Das Motorrettungsboot "Norderney", das sich in der schweren See glänzend bewährt hatte, erlitt bei dem Rettungsmanöver am Steven und am untersten Bergholz an der Backbordseite Beschädigungen.

männer, die für die Instandhaltung und Wartung des Bootes entlohnt wurden. Die restlichen Besatzungsmitglieder mußten nunmehr wieder ihren ursprünglichen Berufen nachgehen und wurden lediglich im Bedarfsfall als Freiwillige zum Rettungsdienst herangezogen. Für die kleineren Einheiten war das grundsätzliche Freiwilligensystem ohnehin während des ganzen Krieges beibehalten worden.

Ähnliche Personaleinsparungen wurden naturgemäß auch für die von der DGzRS an Land betriebenen Seenotfunkstellen erforderlich, die in der Organisation des Seenotmeldewesens eine wichtige Rolle als Relais-Stationen zwischen der Seenotleitung und den Küstenfunkstellen der Post einerseits sowie der Ret-

tungsflotte andererseits spielten. Nach Möglichkeit wurden die Seenotfunkstellen der Gesellschaft auf dem Wege der Amtshilfe an bestehende Behördeneinrichtungen – zum Beispiel der Wasser- und Schiffahrtsverwaltung – angeschlossen, so daß nur noch die Kosten für Mehrarbeit zu tragen waren. Trotz aller Sparmaßnahmen klaffte aber in den ersten Monaten nach der Währungsreform immer noch eine große Lücke zwischen den nicht aufschiebbaren, unvermeidlichen Ausgaben und den noch nicht wieder fließenden Spendeneinnahmen. Eine willkommene Hilfe zur Überbrückung der akuten Finanznot bildete die bereits erwähnte Veräußerung des von britischen Militärbehörden überlassenen elektronischen Materials aus Wehrmachtsbeständen, soweit es nicht von der Rettungsflotte selbst benötigt

wurde. Weitere Mittel konnten durch den Verkauf einiger Rettungsschuppen bzw. Liegenschaften an der Küste flüssiggemacht werden, wodurch die DGzRS gleichzeitig von den Kosten für die weitere Unterhaltung dieser Objekte entlastet wurde. Nachdem sich die allgemeine Wirtschaftslage endlich etwas geklärt hatte, konnte im Oktober 1948 wieder mit dem Einzug der Mitgliedsbeiträge und der Sammlung von Spenden begonnen werden, und die Tatsache, daß der weitaus größte Teil der Helfer und Förderer dem Rettungswerk unbeirrt die Treue hielt, ließ die Gesellschaft diese schwere Zeit schließlich überwinden. Zwar gab es in den Jahren 1949 und 1950 noch manche Durststrecke, doch reichten die verfügbaren Mittel immerhin aus, um die laufenden Ausgaben zu bestreiten. An die Bildung der zur künftigen Siche-

*Der DGzRS-Rettungsschuppen mit Ablaufbahn in Horumersiel im Jahre 1951*

127

## "...setzte das Rettungsboot mehrere Male hart durch..."
## 16 Holländer gerettet

Am 23. Dezember 1949 um 13.30 Uhr erreichte das Rettungsboot "Norderney" die Meldung, daß ein Schleppdampfer im Schluchter Fahrwasser vor Norderney auf der Robbenplate aufgelaufen sei und dort in der Brandung liege. Sofort lief das Rettungsboot unter Führung des Vormannes Joh. Friedrich Rass aus und befand sich schon um 13.50 Uhr an der Unfallstelle. Es war diesig bei Nordostwind Stärke 4. Das aufgelaufene Schiff war der holländische Marineschlepper "RS 21". Sofort angestellte Schleppversuche hatten keinen Erfolg und mußten um 15 Uhr, eine Stunde nach Hochwasser, eingestellt werden. Da das Schiff in der hohen Brandung lag, bat der Kommandant, einen Teil der Besatzung an Bord des Rettungsbootes zu nehmen. Das Wasser war bereits erheblich gefallen und bei dem Versuch, längsseit zu gehen, setzte das Rettungsboot mehrere Male hart durch. Der holländische Schlepper setzte daraufhin sein Boot aus, und die Rettungsmänner holten dies mehrmals durch die Brandung und nahmen so 13 Mann der Besatzung an Bord. Drei Mann blieben vorläufig auf dem Havaristen. Um 16.10 Uhr lief das Rettungsboot wie-

der nach Norderney ein, wo die Schiffbrüchigen auf Anordnung der Stadtverwaltung in der Jugendherberge untergebracht wurden.

Abends bat der Kommandant des holländischen Schleppers den Vormann des Rettungsbootes, noch einmal die Lage des gestrandeten Schleppers zu überprüfen. Um Mitternacht lief die "Norderney" aus und erreichte um 0.30 Uhr die Unfallstelle. Dort zeigte sich, daß die Brandung inzwischen das Beiboot weggeschlagen hatte, weshalb der Kommandant um die Abbergung der drei noch an Bord befindlichen Männer bat. Durch die hohe Brandung arbeitete sich das Rettungsboot an den Schlepper heran und nach mehreren Versuchen gelang es, die restliche Besatzung zu übernehmen. Gegen 2 Uhr war das Rettungsboot wieder im Hafen und damit die ganze 16köpfige Besatzung des holländischen Schleppers in Sicherheit.

Der holländische Kommandant nahm nun Verbindung mit der Bugsier-Reederei auf, um zu versuchen, den Schlepper durch Bergungsfahrzeuge abzuschleppen. Er bat das Rettungsboot, einen Teil seiner Besatzung wieder an Bord zu bringen, und

am 24. Dezember um 9.35 Uhr lief die "Norderney" mit neun Holländern wieder zum Havaristen. Infolge des niedrigen Wasserstandes konnte das Rettungsboot zunächst nicht längsseit kommen. Inzwischen kam auch der Bugsierschlepper "Goliath" und wurde durch das Rettungsboot an den holländischen Schlepper herangelotst. Um 12.20 Uhr gelang es, die neun Holländer an Bord zu setzen, und um 12.45 Uhr wurde durch das Rettungsboot eine Leinenverbindung zwischen "Goliath" und dem Havaristen hergestellt. Der Bergungsschlepper versuchte nunmehr, den Holländer abzuschleppen, kam jedoch nicht zum Erfolg. Nachdem das Wasser wieder fiel, wurden die Schleppversuche gegen 15 Uhr eingestellt. Wind und Seegang hatten inzwischen zugenommen, es wehte Südwest Stärke 8 und es herrschte dichter Nebel. Nach Lage des Wracks mußte die dort abgesetzte Besatzung unbedingt wieder übernommen werden. Da die Brandung immer stärker wurde, gestaltete sich die erneute Rettung der Holländer sehr schwierig. Das Rettungsboot setzte hart durch und hatte verschiedene Male Grundstöße hinzunehmen. Trotzdem gelang es,

*Das Motorrettungsboot "Norderney" nach dem Umbau im Jahre 1953 mit neuartigem Turmaufbau, der eine bessere Rundumsicht ermöglichte, um im Wasser treibende Schiffbrüchige oder Rettungsboote und -flöße aufzufinden.*

die neun Mann ohne Schaden überzunehmen. Um 16 Uhr lief die "Norderney" wieder im Hafen ein. Auch der Bergungsschlepper "Goliath" und der Schlepper "Rechtenfleth", der sich auch an den Bergungsversuchen beteiligte, liefen ein, da für beide Fahrzeuge in der Brandung Gefahr bestand. Die Schleppleine hatten die Fahrzeuge liegen lassen, nachdem Bojen aufgesteckt worden waren. Infolge des Nebels und der Brandung war in der Nacht zum 25. Dezember ein Arbeiten am Wrack nicht möglich. Durch den Sturm und das auflaufende Wasser wurde der holländische Schlepper aber zirka 800 m weiter auf das Riff geschlagen.

Am 25. Dezember wurden die Bergungsarbeiten wieder aufgenommen. Am Mittag des 1. Weihnachtstages lief das Motorrettungsboot "Norderney" wieder mit einem Teil der holländischen Besatzung zum Wrack. Stürmischer Wind wehte aus Südwesten. Gegen 13.30 Uhr wurde versucht, an das Wrack heranzukommen, doch mußte das Boot wieder beidrehen, da es zu hart durchsetzte. Schließlich gelang es, gegen 14 Uhr an den Schlepper heranzukommen, dessen Vorschiff bereits unter Wasser lag. Es zeigte sich, daß es bei der hohen Brandung unmöglich und unverantwortlich war, die Besatzung an Bord zu setzen. Nun wurde versucht, die Bojen aufzunehmen und den Schleppdraht zum Bergungsschlepper "Goliath" zu bringen. Auch dieses Manöver war nicht durchzuführen, da der Draht bereits stark versandet war. Das Rettungsboot übernahm nunmehr vom "Goliath" eine neue Schleppleine von zirka 300 Metern, die, nachdem die Bojen aufgefischt waren, auf den ersten Schleppdraht aufgeschäkelt wurde. Auf diese Weise konnte trotz der außerordentlich hohen Brandung die Schleppverbindung durch das Rettungsboot wieder hergestellt werden. Beide Bergungsschlepper, die "Goliath" und die "Rechtenfleth", unternahmen nun längere Zeit Abschleppversuche, die jedoch erfolglos blieben. In der Nacht vom 25. zum 26. Dezember nahm der Sturm weiter an Stärke zu – das übrige tat die Brandung. Am 26. Dezember, morgens, war der holländische Schlepper vollkommen unter Wasser und nur der Schornstein und die Masten ragten heraus.

### "Den 'Klaps' zum ersten Schrei gab der Vormann..."

Am 12. März 1954, nachmittags 15.20 Uhr, bat Dr. Bunse telefonisch den Vormann des Rettungsbootes "Langeoog", schnell eine Fahrt zum Festland durchzuführen, da eine Frau wegen zu erwartender Komplikationen zur Entbindung ins Krankenhaus müsse. Begleitet von Hebamme und Arzt verließ das Rettungsboot um 16.00 Uhr den Hafen und machte, trotzdem bei OSO-Wind Stärke 5 Nebel herrschte, um 16.40 Uhr in Bensersiel fest. Der neue Erdenbürger hatte aber keine Zeit mehr. Die Geburt setzte plötzlich ein. In aller Eile wurden die notwendigen Vorbereitungen nach Weisung des Arztes getroffen, und um 17.45 Uhr kam auf dem Rettungsboot "Langeoog" ein gesunder Junge zur Welt. Den Klaps zum "ersten Schrei" gab ihm der Vormann. Wider Erwarten war die Geburt ohne Komplikationen verlaufen, so daß sogleich die Rückreise angetreten werden konnte. Eine Stunde später wurden Mutter und Kind wieder glücklich auf der Insel Langeoog an Land gegeben.

rung des Rettungswerks unbedingt erforderlichen Rücklagen war allerdings einstweilen noch nicht zu denken. Auch der im Jahre 1951 erstmals erzielte Einnahmeüberschuß konnte nicht als Reserve auf die "hohe Kante" gelegt werden, sondern wurde zunächst dringender für die Finanzierung eines neuen Dienstgebäudes für die DGzRS-Hauptverwaltung benötigt, deren früheres Domizil in der Bremer Martinistraße 1944 einem Luftangriff zum Opfer gefallen war.

Dank des Entgegenkommens des Bremer Senats, der im Rahmen seiner Sanierungspläne für die stark zerstörte Innenstadt an dem alten DGzRS-Grundstück interessiert war, und des persönlichen Engagements von Hafensenator Dr. Hermann Apelt, hatte die Gesellschaft zu Vorzugsbedingungen ein Gelände am ehemaligen Oberländer Hafen in Bremen-Neustadt erwerben können. Hier entstand nun 1951/52 – nicht zuletzt auch mit Förderung bremischer Industrie- und Wirtschaftskreise – ein bei aller gebotenen Bescheidenheit doch repräsentatives Verwaltungsgebäude mit angeschlossener Reparaturhalle und einem kleinen Bootshafen. Die neue Anlage, in welcher außer der Verwaltungs- und Werbeabteilung auch die 1949 aus dem Cuxhavener "Exil" zurückgekehrte Inspektion unterkam, wurde am 7. Februar 1952 durch den damaligen Bundespräsidenten Theodor Heuss als Schirmherrn der Gesellschaft eingeweiht. Mehr und mehr begann sich aber auch die finanzielle Lage der DGzRS zu "entspannen". Das Beitrags- und Spendenaufkommen stabilisierte sich, und die dadurch endlich ermöglichte Bildung einer "Booterneuerungs-Rücklage" erlaubte es dem Vorstand, als nächstes wichtiges Ziel eine umfassende Modernisierung der Rettungsflotte ins Auge zu fassen. Zwar war der überwiegende Teil der noch im Dienst stehenden Motorrettungsboote kaum älter als 15 Jahre; der DGzRS-Vorsitzer Hermann Helms, von Haus aus Reeder, hatte aber bereits vorausschauend erkannt, daß sich im Seeverkehr revolutionierende technische Fortschritte anbahnten, die dem Rettungsdienst über kurz oder lang völlig neue Konzeptionen abnötigen würden. Nach den Vorstellungen von Helms sollte daher das deutsche Motorrettungsboot der Zukunft

◆ auch bei extrem schwerem Wetter unbegrenzt seetüchtig sein,

◆ mindestens die doppelte Geschwindigkeit der bisherigen Rettungsboote gleicher Größe erzielen,

◆ sowohl in tiefen als auch in flachen See- und Küstengebieten operieren können.

Mit derartigen Gedanken fand Helms beim seinerzeitigen Inspektor, Kapitän John Schumacher, ein offenes Ohr. Auch Schumacher war – aus der Praxis heraus – zu der Erkenntnis gelangt, daß im Rettungsbootsbau neue, unorthodoxe Wege beschritten werden müßten, und seine Ideen, die zum Teil bereits während des Krieges entstanden waren, deckten sich weitgehend mit den Vorstellungen von Helms. Anfang der 50er Jahre erhielt Schumacher deshalb den Auftrag, einen neuen Standard-Rettungsbootstyp zu konzipieren, der die Forderungen möglichst optimal erfüllen sollte.

*Gestrandet auf Sylt: Der französische Dampfer "Adrar"*

sich der hier stationierte Bergungs- dampfer "Seefalke", der uns laufend über die Lage des Havaristen unter- richtete.

Bei unserem Eintreffen an der Unfall- stelle um 19.30 Uhr meldete Dampfer "Teeswood": "Schiff bricht durch – Vorschiff voll Wasser." Im Licht der Scheinwerfer von Schlepper "Seefal- ke" bot sich ein erschütterndes Bild. Schwere Brecher rollten ununterbro- chen über das Wrack. Der größte Teil der Besatzung stand auf der Back, der Rest auf der Brücke. Der Dampfer lag mit dem Heck in Wind und See, somit ergab sich keine Leeseite. Es erschien am günstigsten, die Mann- schaft von der Reeling Backbordseite zu überneh- men. Der erste Anlauf war ohne Erfolg. Beim zweiten Anlauf wurden wir durch rücklaufende Seen mittschiffs hart an den Dampfer gewor- fen und der erste Mann übernommen. Nach mehreren Anläufen konn- ten drei Mann überspringen. Bei ei- nem weiteren Versuch schlug die See die "Borkum" mit dem Heck gegen den Steven der "Teeswood", wobei unser Ruder hinter die Ankerkette des Havaristen hakte, das Boot für kurze Augenblicke festhing und ma- növrierunfähig wurde. Schwere über- kommende Seen brachen das Steu- erbordruderblatt, wodurch wir aus unserer Notlage befreit wurden. Durch den Verlust des Ruderblattes und Beschädigung der Schraube waren wir in unserer weiteren Arbeit stark behindert. Trotzdem machten wir weitere Versuche zur Rettung. Durch das immer noch steigende Wasser, durch das weitere Absinken des Schif- fes, das inzwischen immer mehr aus-

einanderbrach und durch die zer- schlagenen und zum Spielball der Wellen gewordenen Ladebäume wur- de unsere Aufgabe zur Rettung der Besatzung immer dringlicher, aber auch gefährlicher. Die größte Gefahr bestand in der Möglichkeit, mit dem Rettungsboot auf das Wrack aufzu- schlagen und selbst in Gefahr zu kommen. Es konnte nicht verhindert werden, daß wir verschiedene Male auf das Wrack aufgeworfen wurden. Dadurch erlitt die "Borkum" erhebli- che Beschädigungen. Das Steuerrad

wurde bereits stark beschädigt, als wir in der Ankerkette festsaßen und das Boot so stark hin- und herge- schleudert wurde, daß ein Halten des Rades nicht möglich war.

Von 19.40 Uhr bis 20.45 Uhr wurden durch immer neue Anläufe die Be- satzungsmitglieder bis auf zwei Mann übernommen, die während der Ak- tion durch schwere Seen über Bord gespült wurden und trotz eifrigen Ab- suchens mit Unterstützung des Scheinwerfers der "Seefalke" nicht mehr gesichtet wurden.

Unsere Rettungsaktion wurde durch den Scheinwerferdienst des Bugsier- schleppers "Seefalke" wesentlich un- terstützt und gebührt den Männern der "Seefalke" für ihre Hilfe besonde- re Anerkennung und Dank.

Alle drei Rettungsmänner erlitten mehr oder weniger schwere Verletzungen, besonders der freiwillige Rettungs- mann Chr. Müller, der vorsorglich ärztliche Behandlung in Anspruch nehmen mußte.

Nachdem um 20.45 Uhr der letzte Mann übernommen war, traten wir die Heimreise an. Über Funk gaben wir kurze Benachrichtigung an den Ortsausschuß Borkum der Deutschen Gesellschaft zur Rettung Schiffbrü- chiger, die für sofortige Benachrichti- gung eines Arztes, für Transportmit- tel sowie für Unterkunft und Verpflegung der Schiffbrüchigen Sorge trug.

Bei Eintreffen auf Bor- kum – 21.35 Uhr – konn- ten wir die Verletzten so- fort in ärztliche Behand- lung geben, gleichfalls war für alles weitere vor- gesorgt. 12 Schiffbrü- chige kamen im Bahn- hofshotel unter, einer mit Kopfverlet- zung mußte ins Krankenhaus einge- liefert werden. Ein Vertreter des Schiffsmaklers traf am nächsten Tage auf Borkum ein, um sich weiter um die Leute zu bemühen.

Die Fahrt hat bewiesen, daß bei spä- terem Eintreffen eine Rettung unmög- lich gewesen wäre. Die ganze Besat- zung hätte ohne Zweifel den See- mannstod gefunden.

Vom Kapitän und seiner Mannschaft wurde uns drei Rettungsmännern so viel herzlicher Dank und so viel Aner- kennung zuteil und des Bootes Lei- stung gewürdigt, was für uns und die geleistete Rettungsfahrt der schön- ste Lohn war.

Das Rettungsboot "Borkum" hat sich auf dieser Rettungsfahrt zur vollsten Zufriedenheit der Besatzung bewährt.

*Eine neue Ära im Seenotkreuzerbau hat begonnen…*

...Typschiff "Theodor Heuss" (in der späteren Farbgebung)

# MIT DER "THEODOR HEUSS" BEGINNT DIE NEUZEIT

**E**s folgte eine geradezu stürmische Phase der Entwicklung und Erprobung, die von rapiden technischen Fortschritten und Innovationen bestimmt war. Anfang der 50er Jahre, die DGzRS hatte inzwischen ihr heutiges Domizil in der Werderstraße 2 in Bremen bezogen, hatte die Gesellschaft den Umbau des 1931 in Dienst gestellten Motorrettungsbootes "Bremen" (ex "Konsul Kleyenstüber") in einen Versuchskreuzer begonnen. Um künftig eine ausgewogene Kombination zwischen uneingeschränkter Seetüchtigkeit und gleichzeitig hoher Geschwindigkeit zu erreichen, hatte das Rettungswerk einen Kooperationsvertrag mit der Firma Maierform aus Genf abgeschlossen. Im Vordergrund der Überlegungen stand vor allem eine Optimierung der Rumpfformen. Parallel dazu wurde die Idee des in einer Heckwanne mitzuführenden Tochterbootes geboren und weiterverfolgt. Am Neujahrstag 1953 konnte der umgebaute Versuchskreuzer schließlich zu Wasser gelassen werden. Die Einheit, die

*Vom Motorrettungsboot zum...*

*...Seenotkreuzer: Die "Bremen" nach dem Umbau*

erstmals den für spätere Neubauten so charakteristischen Turmaufbau erhalten hatte, war jedoch nur etwa 10 Knoten schnell und entsprach damit nicht den Erwartungen an einen neuen Bootstyp. Bei der Lürssen-Werft in Vegesack wurde daraufhin der Bau eines zweiten Rettungskreuzers in Auftrag gegeben. Das Boot mit dem Namen "Hermann Apelt" wurde 1955 in Dienst gestellt. Es war 21,5 m lang, 5,3 m breit und erreichte eine Höchstgeschwindigkeit von immerhin 17,5 Knoten.

Der entscheidende Durchbruch gelang der DGzRS auf der Basis der gewonnenen Erkenntnisse mit der Konstruktion des Seenotkreuzers "Theodor Heuss", der 1957 von der Fr. Schweers-Werft in Bardenfleth abgeliefert wurde. Das 23,2 m lange und rund 20 Knoten schnelle neue Boot erwies sich als technisch ausgereifter Prototyp für die künftigen Einheiten der DGzRS. Es besaß selbst bei schlechtestem Wetter alle positiven Eigenschaften eines Verdrängers; neu waren beispielsweise die Verstellpropeller der Seitenanlagen des von drei Motoren angetriebenen Kreuzers. Die höhere Leistung, vor allem aber die Einsatzforderungen (Eis, Grundberührung...) machten ein verbessertes Kühlsystem erforderlich. Gelöst wurde das Problem, indem das Kühlwasser durch Taschen in der Außenhaut geführt wurde, was die notwendige Reduzierung der Temperaturen bewirkte. Bis 1960 wurden drei Schwesterschiffe der "Theodor Heuss" ("Ruhr-Stahl", "Hamburg", "H.H. Meier") gebaut. Die "Theodor Heuss" war bis 1963 auf Borkum stationiert, ehe sie dort von dem neuen Seenotkreuzer "Georg Breusing" ersetzt und nach Laboe verlegt wurde. Mit 26,6 m Länge und 24 Knoten Geschwindigkeit waren die Boote der "Breusing"-Klasse bereits eine Nummer größer.

Um schrittweise die Generationen der älteren Motorrettungsboote ablösen zu können, wurde nun systematisch der Aufbau der modernen Seenotkreuzer-Flotte vorangetrieben. Als nächstes stand die "Paul Denker" (16,80 m lang) auf dem Programm, als erste Einheit komplett aus seewasserbeständigem Aluminium gebaut. 1967 fertiggestellt, blieb die "Denker" zwar ein Einzelstück; seither aber werden die Seenotkreuzer der DGzRS nur noch aus Leichtmetall hergestellt.

Im Jahre 1969 nahm die moderne Flotte der DGzRS mit der Indienststellung der vier Neubauten der "Otto Schülke"-Klasse weiter Gestalt an. Das Tochterboot gehörte inzwischen zur Standardausrüstung der Seenotkreuzer; mit der neuen 18,9-m-Klasse waren die kleinen Beiboote jedoch erstmals als Selbstaufrichter konzipiert worden.

Zahlreiche ältere Motorrettungsboote – vor allem im küstennahen Bereich – wurden darüber hinaus zwischen 1971 und 1973 durch kleine, eigenständige 7-Meter-Seenotrettungsboote ersetzt. Diese äußerst robusten, wendigen und mit geringem Tiefgang versehenen Einheiten erreichten Geschwindigkeiten von ca. 10 Knoten. Weitere kleinere Fahrzeuge folgten: Neben den zwei 12,20 Meter langen Booten ins-

*Erprobungsfahrt erstmals mit Tochterboot*

*Der zweite Versuch: Rettungsboot "Hermann Apelt"*

## "Bei steigender Flut wurden die Schiffbrüchigen von der Brandung über Bord gerissen..."
## Die Tragödie der Tjalk "Adelheid"

Am Mittag des 26. September 1960 meldete die Seenotleitung Bremen telefonisch an die Rettungsstation Horumersiel, daß in der Jade westlich von Mellum zwischen Tonne 9 und 10 Schiffsluken und ein Boot gesehen worden seien. Das Gebiet solle unverzüglich abgesucht werden. Sofort alarmierte der Vormann die Bootsbesatzung, und nachdem genügend Wasser aufgelaufen war, wurde das Strand-Motorrettungsboot "Ulrich Steffens" abgeslipt und lief mit drei Mann besetzt aus.

Der Wind wehte in Stärke 4 bis 5 aus Nordnordwest, die See war ziemlich bewegt. Man setzte Kurs auf Tonne 11 ab, die nach einer halben Stunde erreicht wurde, und fuhr dann, jeden verdächtigen Punkt ansteuernd, jadeabwärts.

Einige Regenschauer erschwerten das Suchen. Um 14.10 Uhr sichteten die Rettungsmänner plötzlich etwas Gelbes, hielten darauf zu und konnten bald erkennen, daß es eine Schwimmweste war mit einem Menschen, der ihnen zuwinkte. Zehn Minuten später erreichten sie die Stelle und sahen nun eine junge Frau mit ihrem toten acht Monate alten Kind im Arm, an der Schwimmweste festgebunden, vor sich. Als sie das Kind an Bord genommen hatten und die Frau hochziehen wollten, sagte diese: "Mein Mann ist auch noch hier - der ist auch tot." Die Leiche trieb unter Wasser und war an einen Rettungsring gebunden, der an der Schwimmweste der Frau festgemacht war.

Die Rettungsmänner schnitten nun die Gurte durch und holten erst die Frau und danach die Leiche des Mannes an Bord. Die beiden Leichen wurden in die Vorpiek gelegt, die Frau brachte man nach achtern. Sie wurde mit der eigenen trockenen Kleidung der Rettungsmänner warm angezogen und bekam dann eine Tasse warmen Tee und Essen. Erst jetzt erfuhren die Rettungsmänner, daß außer diesen dreien noch die 60jährige Mutter und ein Matrose an Bord des gesunkenen Schiffes gewesen waren.

Nachdem das Rettungsboot noch einige Zeit vergeblich nach Überlebenden gesucht hatte, lief es um 15.20 Uhr in Horumersiel ein, wo sofort ein Arzt geholt wurde, der die Frau ins Krankenhaus nach Wilhelmshaven überführen ließ. Die beiden Toten wurden in den Rettungsschuppen gebracht und die Gemeinde und die Polizei verständigt.

Danach lief das Boot erneut zur gemeinsamen Suchfahrt mit dem Strandmotorrettungsboot "Wilhelmine Wiese" der Station Fedderwardersiel aus, fand aber nichts außer dem Wrack, das südöstlich Tonne 9 lag und dessen Mast aus dem Wasser ragte. Das Fahrzeug und die beiden Leichen wurden später geborgen.

Aus dem Bericht der diese Katastrophe als einzige überlebenden Frau des Kapitäns und der Seeamtsverhandlung ergab sich, daß das 145 t große Schiff "Adelheid" aus Westrhauderfehn mit einer Ladung Kohle von Wanne-Eickel unterwegs war und durch den Hunte-Ems-Kanal die Weser erreicht hatte. Beim nächtlichen Einlaufen in die Jade hatte das Schiff Ruderschaden und kurz darauf Motorschaden erlitten und war

danach bei Nordwestwind auf Mellum-Riff gestrandet und leckgeschlagen. Von dem nur wenige Meilen entfernten Leuchtturm Mellum hatte man das Einlaufen des Schiffes, das durch unklare Manöver aufgefallen war, noch beobachtet, aber unerklärlicherweise sind weder die Raketen, die nach der Strandung als Notsignale abgefeuert wurden, noch die Flammensignale durch mit Öl übergossene und in Brand gesteckte Matratzen gesehen worden, obgleich die Nacht klar war.

Als die fünf Schiffbrüchigen sich dann in das hinterhergeschleppte Beiboot retten wollten, zeigte sich zu allem Unglück, daß das Boot abgetrieben war.

Bei steigender Flut wurden die Schiffbrüchigen gegen 1 Uhr nachts von der Brandung über Bord gerissen. Nach dem Bericht der überlebenden Frau ist der Kapitän kurz darauf erschöpft neben ihr aufgetaucht, worauf sie ihn gepackt und an ihrer Schwimmweste festgebunden hat. Kurz darauf starb er. Die kleine, zierliche Frau trieb dann mit den Leichen ihres Kindes und ihres Mannes 14 Stunden lang im Wasser und zweimal in unmittelbarer Nähe des Leuchtturmes vorbei, ohne gesehen oder gehört zu werden. Bei einer rechtzeitigen Alarmierung der Rettungsstation hätten die Schiffbrüchigen zweifellos gerettet werden können.

Später ergab sich, daß verschiedene Anwohner an der Küste die Raketen und Notsignale gesehen hatten, sie aber tragischerweise mißdeuteten und annahmen, die Bundesmarine führe eine Nachtübung durch.

*Bei unsichtigem Wetter auf Suchfahrt: Seenotkreuzer "Theodor Heuss"*

## "... in der See schwer arbeitend, mußte die 'Ruhr-Stahl' die Leute einzeln übernehmen..."
## Schiffsdrama auf dem Vogelsand

Schwerer Südweststurm, Regen- und Hagelschauer, Gewitter und orkanartige Böen wühlten am 6. Dezember 1961 in der Elbmündung eine sehr hohe See auf. Um 04.22 Uhr meldete der Lotsendampfer "Kapt. Hilgendorf", daß sein Versetzboot mit drei Mann Besatzung gekentert sei, und der von der Seenotwache Cuxhaven alarmierte Seenotrettungskreuzer "Ruhr-Stahl" lief sofort zur Hilfeleistung aus. Die Suche nach Überlebenden blieb ohne Erfolg, und das sich gleichfalls beteiligende MRB "Rickmer Bock" der Station Friedrichskoog fand Stunden später lediglich das gekentert treibende Versetzboot.

Der Unfall hatte sich beim Versetzen eines Lotsen auf den englischen Dampfer "Ondo" ereignet, und als das Schiff durch seine Schraube die im Wasser Treibenden nicht gefährden wollte, war es auf dem Großen Vogelsand gestrandet. Hell erleuchtet lag es in der Brandung. Während die Rettungsboote suchten, blieben der Bergungsschlepper "Danzig" und später auch der Schlepper "Otto Wulf III" beim Havaristen. Eben außerhalb der Brandung liegend, wurden die Schlepper von der schweren See völlig eingedeckt. Nachdem die Suche nach Überlebenden sinnlos geworden war, lief auch der Seenotrettungskreuzer "Ruhr-Stahl", der inzwischen Sprungnetz, Leinenpistolen und Schießleinen klargelegt hatte, zur Unfallstelle. Die Orkanböen hatten etwas nachgelassen, doch

stand auf dem Großen Vogelsand hohe Grundsee. Regen- und Hagelschauer waren nicht mehr so anhaltend. Der Havarist hatte sich gedreht, die Grundsee lief von achtern auf das Heck des 800 m weit auf dem Sand liegenden Schiffes. Vier Schlepper waren jetzt zur Stelle, konnten aber an diesem Tag und auch in der folgenden Nacht noch keine Schleppverbindung herstellen. Um den Schiffbrüchigen aber zu zeigen, daß sie in ihrer gefährlichen Lage nicht verlassen seien, ging der Rettungskreuzer durch die Grundsee in Rufweite.

Am folgenden Tag hatte sich das Wetter beruhigt, aber der Havarist war ca. 3/4 sm weiter auf den Großen Vogelsand getrieben worden.

*Tragisches Mahnmal auf dem Schiffsfriedhof Großer Vogelsand: Der englische Frachter "Ondo"*

"Ruhr-Stahl" lotete auf Ersuchen der Bergungsgesellschaft die Wassertiefen und stellte unter Zwischenschaltung eines Schleppers eine erste Schleppverbindung her, die jedoch bald brach. Bei steigendem Wasser gelang die Herstellung von zwei weiteren Schleppverbindungen, die bei einer Länge von 1650 m ein Gewicht von ca. 8 t hatten. Während der Rettungskreuzer als Sicherungsboot in der Nähe der "Ondo" blieb, tauten fünf Schlepper an dem Havaristen, mußten aber zwei Stunden nach Hochwasser den Abschleppversuch ergebnislos einstellen. "Ruhr-Stahl" blieb in der Nähe und stand mit dem Havaristen und allen Schleppern in UKW-Funkverbindung. Auch am folgenden Tag hielt sich "Ruhr-Stahl" bereit und unterstützte die Bergungsversuche beim Havaristen, dessen Kakaoladung über Bord geworfen wurde. Im Wellentunnel und in den beiden hinteren Laderäumen stand 4 m Wasser; das Schiff war leck. Am folgenden Vormittag zeigten Lotungen, daß sich die Anschwemmungen um das Schiff ständig veränderten. Im Schiffsraum stieg und fiel das Wasser mit der Tide. Alle Abschleppversuche blieben erfolglos, und als Wetterverschlechterung angesagt wurde, mußten die Leinenverbindungen gelöst werden.

Um 16.00 Uhr übernahm "Ruhr-Stahl" 24 Mann der Besatzung und brachte sie nach Cuxhaven, um anschließend erneut zum Havaristen zu laufen. Dort wurden um 20.10 Uhr 18 weitere Besatzungsmitglieder übernommen. Es war Mitternacht, das Wetter verschlechterte sich, Nebelfelder kamen auf. Im Kugelbakehafen fanden die Rettungsmänner vier kurze Stunden Schlaf, wurden aber um 05.00 Uhr schon wieder zu einem Seenotfall gerufen, da ein

Fischdampfer von einem französischen Schiff gerammt worden war. Nachdem dieser Havarist in Sicherheit gebracht war, lief "Ruhr-Stahl" wieder zur "Ondo" und blieb die Nacht über in ihrer Nähe. Am 11. Dezember aber verschlechterte sich das Wetter zusehends.

Um 13.00 Uhr mußte die "Ondo" endgültig verlassen werden. Ohne Schutz in der längslaufenden See schwer arbeitend, mußte "Ruhr-Stahl" die Leute einzeln mit Sicherheitsleinen von der Jakobsleiter bei günstiger Gelegenheit übernehmen. In Böen erreichte der Südwestwind Stärke 8. Nachdem der Kapitän als letzter sein Schiff verlassen hatte, waren neun Besatzungsmitglieder und 14 Schauerleute um 14.10 Uhr wohlbehalten an Bord des Seenotkreuzers. Die "Ruhr-Stahl" brachte sie nach Cuxhaven.

### Aus der Hölle vom Großen Vogelsand geholt

Nachdem der schwere Orkan, der 1962 die große Sturmflut-Katastrophe über die deutsche Nordseeküste brachte, abflaute, lief der Seenotrettungskreuzer "Ruhr-Stahl" am 18. Februar um 7.15 Uhr aus, um die auf dem Wrack der "Ondo" befindlichen 5 Männer einer Abwrackfirma zu retten. Noch wehte Westnordwestwind Stärke 6 - 7, und vom Vortage her stand auf dem Großen Vogelsand hohe Brandung. Um 8.30 Uhr war "Ruhr-Stahl" in Höhe der "Ondo", konnte aber wegen des niedrigen Wassers nicht an das Wrack heran. Das Tochterboot wurde ausgesetzt und kam zunächst auch verhältnismäßig gut durch die Brandung. In unmittelbarer Nähe der "Ondo" aber wurde es von steiler Brandung und schwerer Kreuzsee vollkommen eingedeckt. Die Scheiben schlugen her-

aus, und aus dem vorderen Cockpit lief das Wasser infolge eines technischen Versagens nicht ab, die Rettungsmänner standen bis zu den Knien im Wasser. Die sonst so guten Manövriereigenschaften des Bootes wurden dadurch stark beeinträchtigt. Man versuchte, in tieferes Wasser zu gelangen, aber auf der Rückfahrt wurde die Situation äußerst gefährlich. Durch die Vertrimmung infolge des Wassers im vorderen Cockpit steckte das Boot den Steven tief in die anrollende Brandung, so daß die Lage äußerst bedenklich wurde. Auf der "Ruhr-Stahl" hatte man das vom Vormann selbst gesteuerte Tochterboot während seiner ganzen Fahrt aus den Augen verloren und erst, als es die Brandung hinter sich hatte, bekam man es wieder in Sicht. Es wurde nun aufgenommen, und der Rettungskreuzer wartete unter Neuwerk, um bei Hochwasser einen neuen Rettungsversuch zu unternehmen. Da eine Windwarnung ausgestrahlt wurde, bestellte der Vormann über die Seenotwache vorsichtshalber noch Hubschrauberhilfe von Hamburg. Um 11.30 Uhr lief die "Ruhr-Stahl" erneut zum Wrack. Die Männer, die sich dort in der Brückennock des mit 50 Grad Schlagseite liegenden Wracks aufgehalten hatten und völlig erschöpft waren, krochen zum Vorsteven, wo sie in fünf Anläufen einzeln von dem Seenotrettungskreuzer abgeborgen wurden. Nach ihren eigenen Aussagen hätten sie eine weitere Nacht nicht überstanden. Sie wurden an Bord verpflegt und um 14.00 Uhr in Cuxhaven gelandet. Gerade als sie abgeborgen waren, kamen auch die angeforderten Hubschrauber, denen durch Zeichen die bereits geglückte Bergung mitgeteilt wurde, worauf sie abflogen.

gesamt fünf 9-Meter-Seenotrettungsboote.

Ein Meilenstein in der Entwicklung der DGzRS-Rettungsflotte war 1975 die Indienststellung der "John T. Essberger", der ersten von insgesamt drei Einheiten der 44-m-Klasse. Ausgestattet mit allen technischen Mitteln, die man sich seinerzeit für eine leistungsstarke Rettungseinheit vorstellen konnte, 7.200 PS stark, 30 Knoten schnell, waren diese Seenotkreuzer geradezu prädestiniert für den Einsatz im Bereich der Großschiffahrt. Während die "John T. Essberger" auf Seeposition vor Fehmarn/Ostsee ging, operierten die Schwesterschiffe "Hermann Ritter" und "Wilhelm Kaisen" abwechselnd von Helgoland und von Seeposition in der Deutschen Bucht aus. Für Kapitän John Schumacher bedeutete die Realisierung dieses Konzepts bei seinem Ausscheiden 1976 aus der Gesellschaft den Abschluß und Höhepunkt seines Lebenswerks.

Stillstand hätte aber auch zum damaligen Zeitpunkt Rückschritt bedeutet. So richtete sein Nachfolger, Kapitän Uwe Klein, als Leiter der Inspektion sein Hauptaugenmerk zunächst auf die Entwicklung des kleineren, universell einsetzbaren Kreuzertyps. 1980, in dem Jahr, in dem Konsul Hermann Helms nach 43jähriger ehrenamtlicher Tätigkeit den Vorsitz an den Bremer Reeder Ernst Meier-Hedde abgegeben hatte, entstand schließlich der Seenotkreuzer "Eiswette", 23,30 m lang

und 20 Knoten schnell, dem wenig später die "Fritz Behrens" sowie 1985 die modifizierten Nachbauten "Minden" und "Vormann Leiss" folgten. Aber auch im Kleinen hatte sich zwischenzeitlich einiges getan. Alle Tochter- und Seenotrettungsboote hatten ab 1978 eine Bergungspforte erhalten, primär um die Aufnahme von im Wasser treibenden Schiffbrüchigen zu erleichtern.

Als etwa Mitte der 80er Jahre die Ausmusterung der Boote der "Theodor Heuss"-Klasse anstand, war den Verantwortlichen bereits klar, daß Neubauten in der Größenordnung der 44-m-Klasse nicht mehr erforderlich waren. Der rasante technische Fortschritt innerhalb des letzten Jahrzehnts hatte es möglich gemacht, entsprechende Rettungseinrichtungen auf deutlich kleineren Fahrzeugen unterbringen zu können. Vor dem Hintergrund dieser Erkenntnisse wurde der neue Standardtyp des großen Seenotkreuzers entwickelt. Schon mit dem Typschiff der 27,5-m-Klasse, dem Seenotkreuzer "Berlin", der 1985 in Anwesenheit von Bundespräsident Dr. Richard von Weizsäcker in Bremen-Vegesack getauft worden war, wurden hervorragende Testergebnisse erzielt. Der Vorteil des neuen "kleinen großen" Kreuzers gegenüber den drei "ganz großen" bestand in erster Linie in der Manövrierfähigkeit, aber auch in weiteren technischen Verbesserungen in einigen Teilbereichen. So konnte allein die Feuerlöschleistung pro Einheit auf insgesamt 2.200 m³/h gesteigert wer-

den. Positiver Nebeneffekt: Deutliche Verringerung der Betriebs- und Personalkosten für die 27,5-m-Seenotkreuzer. Auch war man in Bremen seit der "Eiswette" wieder vom anfälligeren Verstellpropeller zum robusteren Festpropeller übergegangen, der sich darüber hinaus besonders bei Eisfahrten hervorragend bewährt. Und noch einen Innovationsschub hatte es gegeben: Mit den Tochterbooten der "Berlin"-Klasse war es gelungen, die Geschwindigkeit auf 17 Knoten zu erhöhen, was dazu anregte, über den Ersatz der kleinen 7-m- und 9-m-Einheiten laut nachzudenken. Als erstes Ergebnis der Überlegungen konnte der Öffentlichkeit noch im Dezember 1987 das vollkommen neu entwickelte 8-m-Seenotrettungsboot "Asmus Bremer" präsentiert werden. Um die Leistungsfähigkeit des neuen Typs unter verschiedenen Bedingungen ermitteln zu können, wurde das Fahrzeug für den Bereich Ostsee in Kiel-Schilksee stationiert, der erste Nachbau für die Elbmündung in Brunsbüttel. In der Zwischenzeit wurden mit der "Alfried Krupp" für die Station Borkum und der "Vormann Steffens" für Wilhelmshaven zwei weitere 27,5-m-Seenotkreuzer in Dienst gestellt. Die "Krupp" hat 1988 den Seenotkreuzer "Georg Breusing" abgelöst, der nach 25jährigem harten Einsatz seinen letzten Liegeplatz als Museumsschiff im Ratsdelft von Emden gefunden hat.

Charakteristisch für alle Einheiten der DGzRS-Rettungsflotte sind heute die markanten, rot-weiß gekennzeichneten Aufbauten.

Die Gesellschaft hat sich nach umfangreichen theoretischen Überlegungen und praktischen Tests letztlich für diese Farbgebung entschieden, da sich herausgestellt hat, daß die Kombination rot - weiß am auffallendsten ist. Wie aus der Psychologie bekannt, kann es für einen Menschen, der sich in einer extremen Notlage befindet, geradezu überlebenswichtig sein, wenn er das Rettungsfahrzeug schon in der Ferne sichten kann. Das erste optische Zeichen herannahender Hilfe kann einem Schiffbrüchigen neue Kraft und neuen Lebenswillen geben. Ende der 70er Jahre hat die DGzRS damit begonnen, die orangefarbenen Aufbauten ihrer Boote mit den neuen Farben zu versehen.

Seit Mitte der 80er Jahre hat das Rettungswerk seine Seenotkreuzer und Seenotrettungsboote zusätzlich mit der Aufschrift "SAR" versehen. Die drei leuchtendroten Buchstaben am Bug der Boote stehen für "Search and Rescue" (Suche und Rettung) als prägnantem, international vereinbartem Inbegriff für Sicherheit auf See.

Im Ausland wurde der Aufbau der DGzRS-Rettungsflotte mit großem Interesse verfolgt. Nachbauten wurden bei deutschen Werften in Auftrag gegeben oder erfolgten nach DGzRS- Unterlagen direkt im Ausland. So baute u.a. Frankreich in Lizenz drei Fischereischutzboote nach deutschen Rettungskreuzervorlagen. 1970/71 entstand an der Weser ein Rettungsfahrzeug für den italienischen Seenotdienst. Auch Finnland, Marokko und Portugal er-

## "...brach das Schiff unter heftigem Krachen und Bersten auseinander ..."
## Totalverlust eines italienischen Frachters

Über Funk hörte die Besatzung der "Ruhr-Stahl", daß vor der Elbmündung ein Dampfer aufgelaufen sei. Sofort legte sie ab und erreichte am 20. Jan. 1962 um 9.50 Uhr den Havaristen. Es war der italienische Dampfer "Fides" aus Neapel, ein Liberty-Schiff von 7182 BRT, Baujahr '44, der auf dem Großen Vogelsand, nicht weit von dem dort noch in der Brandung liegenden Wrack der "Ondo", auf Grund geraten war. Der Italiener hatte danach einen Lotsen übernommen und versuchte nun, ohne fremde Hilfe freizukommen. 2 Bergungsschlepper waren zur Stelle, 2 weitere kamen kurze Zeit später. Um 10.15 Uhr kam der Italiener tatsächlich wieder frei, wurde aber schon nach wenigen Minuten vom Flutstrom erneut auf den Großen Vogelsand gedrückt und lag jetzt quer zum Fahrwasser. Alle Versuche, mit rückwärts laufender Maschine über den Achtersteven frei zu bekommen, scheiterten, trotzdem aber wurde die von dem inzwischen übergestiegenen Bergungsinspektor angebotene Hilfe durch den Kapitän abgelehnt. Es wehte stürmischer Südwest- bis Westwind Stärke 7 bei Regenschauern und mäßiger Sicht. "Ruhr-Stahl" lotete die Tiefen um den Havaristen und meldete sie an den Lotsen. Um 13.10 Uhr

entschloß sich der italienische Kapitän endlich, die Schlepper anzunehmen: 2 Leinenverbindungen wurden hergestellt, und die 4 Schlepper begannen mit den Abschleppversuchen. Aber es war zu spät. Nachdem der Erfolg ausblieb, ging "Ruhr-Stahl" um 14.15 Uhr längsseits des Havaristen. Der Ebbstrom hatte jetzt eingesetzt und wühlte unter dem Vor- und Achterschiff. Die Lage wurde bedenklich. Schon hörte man die durch das Aufreißen der Eisenplatten hervorgerufenen Geräusche an vielen Stellen des Havaristen. Die Rettungsmänner, die an Bord stiegen, sahen die immer größer werdenden Schäden, das Knistern und Krachen wurde stärker und heftiger, die Risse nahmen sichtbar zu. Zur Sicherung blieb die "Ruhr-Stahl" längsseits. Um 16.00 Uhr brach das Schiff unter heftigem Krachen und Bersten auseinander – kleine Eisenteile, Roststücke und Holzsplitter prasselten an Deck der "Ruhr-Stahl". Der Italiener war vor der Brücke durchgebrochen, und von der "Ruhr-Stahl" aus konnte man in den Laderaum sehen. Das Hinterschiff der "Fides", die hoffnungslos verloren war, sackte nach achtern ab. Bei rauher See dauerte die Übernahme der 32 Italiener, des Lotsen und des Bergungsinspektors von 16.05 bis 16.45 Uhr.

hielten Nachbauten von DGzRS-Einheiten, und nach Plänen der "Georg Breusing" ließ die Lotsenbrüderschaft in Astoria/Oregon 1966 ihr Versetzboot "Peacock" bauen.

Parallel mit der Entwicklung der modernen Rettungsflotte von heute wurden auch die Kommunikationsmöglichkeiten an Land entscheidend verbessert. Während nach dem Zweiten Weltkrieg der Funkverkehr der DGzRS provisorisch von Cuxhaven aus durchgeführt worden war, wurde 1951 im Neubau der Gesellschaft in der Werderstraße in Bremen ein adäquater Funkraum eingerichtet. Diese "Funkbude" wurde bis zum heutigen Tag konsequent und kontinuierlich zur SEENOTLEITUNG BREMEN (Rescue Co-ordination Centre, RCC BREMEN) mit dem bereits beschriebenen UKW-Relais-Funknetz SAR-COM weiterentwickelt.

Natürlich hat die Gesellschaft in dieser Zeit auch an Land ihr Gesicht verändert. Nachdem ab 1951 die beiden Geschäftsstellen Berlin und Köln ihre Arbeit wiederaufgenommen hatten, waren 1951 Frankfurt am Main und Stuttgart, 1952 Kiel, 1953 Hannover, 1966 Hamburg sowie 1970 Bremen (für das Weser-Ems-Gebiet) als "Filialen" hinzugekommen.

Das vermutlich spektakulärste Ereignis an Land aus Sicht der DGzRS fand 1987 statt: Der Seenotkreuzer "Theodor Heuss" (ex "H.H. Meier"), der zunächst nach Ausmusterung der Bootsklasse noch als Reserveeinheit in der Rettungsflotte verblieben war, trat am 22. März 1987 seine letzte

und außergewöhnlichste Reise von Bremen nach München ins Deutsche Museum an. Was anfangs als praktisch undurchführbar nur vage andiskutiert worden war, entwickelte sich schließlich zum längsten Transport, der je über Deutschlands Straßen gerollt ist. Zuerst ging es noch auf eigenem Kiel über mehr als 1.500 Kilometer über die Nordsee, den Rhein und den Main hinauf und auf dem Main-Donau-Kanal bis Nürnberg. Hier begann dann der eigentlich abenteuerliche Teil der Fahrt – auf einem 55 m langen Spezialfahrzeug auf Bayerns Straßen und quer durchs romantische Altmühltal bis nach München ins Deutsche Museum. Noch heute ist das legendäre Boot dort auf dem Freigelände als technisches Denkmal, aber auch als Symbol für den harten Dienst der Rettungsmänner "unter der Flagge der Menschlichkeit" zu besichtigen.

**"Die Rettung gelang, während ein anderer, der in einem Bullauge steckengeblieben war, verbrannte..." Feuer an Bord: Katastrophe in der Wesermündung**

"Heckfänger 'Vest Recklinghausen', Feuer an Bord, benötigt dringend Hilfe, Position Nähe Tonne 3 Wesermündung!" Dieser SOS-Ruf löste am 22. August 1970 um 15 Uhr vor der deutschen Nordseeküste eine Rettungsaktion größten Umfanges aus. Das Seenot-Rettungsboot "Hans Lüken" erreichte als erstes gegen 16.15 Uhr den Havaristen, der etwa 1 1/2 Seemeilen westsüdwestlich vom alten Leuchtturm Roter Sand trieb. Der Weserlotsendampfer lag dort und hatte bereits mit Löscharbeiten begonnen. Gegen 16.30 Uhr traf der in Bremerhaven stationierte Seenot-Rettungskreuzer "H.H. Meier" ein und 10 Minuten später aus Cuxhaven der Seenot-Rettungskreuzer "Arwed Emminghaus". Etwa gleichzeitig waren auch die in der Nähe operierenden Zerstörer Z 1 und Z 4 angekommen. "Hans Lüken" hatte inzwischen zwei Mann der Trawler-Besatzung aus einem treibenden Schlauchboot aufgenommen und sich längsseits des brennenden Schiffes gelegt, um weitere Hilfe zu leisten. Mitglieder der Fischdampferbesatzung – sie wurden später von Marineangehörigen abgelöst – versuchten gerade, einen Mann, der eingeklemmt in einem Bullauge zur Hälfte außenbords hing, mit Hilfe eines Schneidbrenners aus seiner Todesfalle zu befreien. Die Rettungsmänner bewahrten ihn während dieser Aktion vor dem Verbrennen. Durch ein vorher in die Bordwand gebranntes Loch gaben sie mit Hilfe ihres Feuerlöschschlauches beständig Wasser in die brennende

Kammer und überspülten den Eingeklemmten. Diese Rettung gelang, während ein anderer, der gleichfalls in einem Bullauge steckengeblieben war, verbrannte. "Hans Lüken" übernahm und versorgte gleichzeitig 3 weitere Besatzungsmitglieder des Trawlers, darunter einen Mann mit Verbrennungen. Die Flammen gefährdeten auch die Hilfe leistenden Schiffe. Darum wurde das Deck des Rettungsbootes ständig aus dem Deckwaschschlauch überspült. Auch auf "H.H. Meier" und "Arwed Emminghaus" liefen die Feuerlöschpumpen auf vollen Touren, dazwischen wurden Besatzungsmitglieder des brennenden Schiffes übernommen und mit Kleidung und Getränken versorgt, der Kapitän gab die Schiffspapiere auf die "H.H. Meier" in Sicherheit. Inzwischen waren noch 2 Schlepper und das Feuerlöschboot eingetroffen. Bis 21 Uhr wurde fieberhaft gearbeitet und nach eingeschlossenen Besatzungsmitgliedern gesucht. Dann war das Feuer soweit unter Kontrolle, daß auch die Rettungsboote ihre Löscharbeiten einstellen konnten. Sie führten noch Versetzdienste aus. 11 Gerettete brachte "H.H. Meier" nach Bremerhaven, wo er um 23.30 Uhr eintraf. Mit der "Tegelerplate" als Kopfschlepper setzte sich der traurige Schleppzug um 21.30 Uhr weseraufwärts in Bewegung. Längsseits der "Vest Recklinghausen" blieben der Schlepper "Atlas", der nunmehr die Wassermengen, die während der Löscharbeiten in das brennende Schiff gepumpt werden mußten, lenzte, das Feuerlöschboot und "Arwed Emminghaus". "Hans Lüken" begleitete den Schleppzug, der um 2 Uhr nachts in Bremerhaven eintraf. Sie alle, die an dieser Rettungsaktion beteiligt waren, hatten in vorbildlicher und selbstverständlicher Weise zusammengewirkt, um schnelle Hilfe zu leisten. Sie konnten nicht verhindern, daß 8 Seeleute – 6 Deutsche und 2 Portugiesen – in den Gängen des Trawlers vom Feuer eingeschlossen blieben und ein Opfer der Flammen wurden.

*Uneingeschränkt seetüchtig und 17 Knoten schnell…*

*… der neue Typ des 8-Meter-Seenotrettungsbootes der DGzRS*

*1975 ein Meilenstein in der Entwicklung der DGzRS-Rettungsflotte…*

*… die Seenotkreuzer der 44-Meter-Klasse, hier auf dem Weg zur Seeposition*

## "Der Sturm wimmert und jault in den Antennen."
## Zwölf Mann nachts aus der Rettungsinsel geborgen.

"Verrutschte Ladung, schwere Schlagseite" – diese Feststellungen tauchen in Schiffsunfalluntersuchungen immer wieder auf. Bei schwerer See kann rutschendes, loses Ladegut ein Schiff bis zur Kentergefahr seitenlastig machen.

So am 13. März 1975 im Seegebiet der Kieler Bucht: Der 1263 BRT große dänische Kiesbagger "Sten-Trans" ist mit einer Ladung Steine auf der Fahrt von der Insel Samsö nach Kiel. Seit einer Stunde ist man aus dem Langelands Belt heraus; der Kelds-Nor-Leuchtturm liegt achteraus.

Es ist gegen drei Uhr früh, bald wird Kiel Leuchtturm in Sicht kommen. Sorge macht der Schiffsführung der steife Ostnordost, der jetzt, da das Schiff aus dem Schutz der Insel Lolland heraus ist, auf Sturmstärke zunimmt. Der achterlich von Backbord anlaufende hohe Seegang bewirkt Schiffsbewegungen, die höchst gefährlich werden. Denn die faustgroßen Kieselsteine als "rollendes Gut" verlagern sich immer mehr und geben dem Schiff so viel Schlagseite, daß Kentergefahr besteht und deshalb um 03.55 Uhr Mayday (SOS)-Rufe abgesetzt werden.

### Es geht um Minuten

"Nachdem wir den Seenotverkehr zwischen der 'Sten-Trans' und Lyngby-Radio schon verfolgt hatten, liefen wir umgehend mit äußerster Kraft zur Unfallposition 10 sm südwestlich Langeland." So ist es im Einsatzbericht des Seenotkreuzers "Theodor Heuss" vermerkt. Hier also wie auf den anderen Stationen: Tag und

Nacht wachen unsere Rettungsmänner!

Schon in der Kieler Förde in Höhe des Marine-Ehrenmals wird "Theodor Heuss" von einer groben See empfangen, die genau von vorn steht. Schwer arbeitet der 23 m lange Kreuzer gegen die Wellen an; der Sturm wimmert und jault in den Antennen. Unausgesetzt steht "Theodor Heuss" mit dem Havaristen in Funkverbindung, der um 04.20 Uhr über 50 Grad Schlagseite meldet, also in einer hoffnungslosen Lage ist.

Die auf drei Schrauben wirkenden 1750 PS hetzen den Rettungskreuzer durch die aufgepeitschte nächtli-

che See. Fest im Griff hat der Vormann - schon sein Vater führte die "Theodor Heuss" – den Kreuzer.

Nun funkt der Kapitän, daß die "Sten-Trans" aufgegeben werde. Dessen Besatzung läßt eine der Rettungsinseln über Bord gehen, die auf Zug an der Reißleine automatisch in Sekundenschnelle aufblasen.

Mann für Mann gleitet auf dem schwerfällig stampfenden Havaristen über das steil geneigte Deck, an dessen schon in die See eintauchender Reling die Rettungsinsel festgemacht ist. Die Leute verschwinden im

Dunkel unter dem Wetterschutzdach der Insel, mühsam paddeln sie sich von dem Wrack frei, das einmal Arbeitsstelle und Unterkunft war.

### Zischend steigt vom Wrack die Rakete

Die rote Seenotrakete, welche von den Schiffbrüchigen abgefeuert wurde, beleuchtet für 40 Sekunden das aufgepeitschte Wasser mit fahlem Schein. Vom Sturm getragen, zieht der Leuchtfallschirm schnell über das Wrack, auf dem noch der Kapitän und einige Männer ausharren, Richtung Südwesten, dem herankommenden Rettungskreuzer entgegen.

Es ist 05.15 Uhr; in gut einer Stunde hat "Theodor Heuss" bei dem schweren Wetter gegen die See die etwa 16 Meilen zum Havaristen geschafft!

Unterwegs war schon die Bergung der Schiffbrüchigen vorbereitet worden. Der Kreuzer macht für die wild auf und nieder tanzende Rettungsinsel Lee, das heißt, er geht quer zwischen Wind und Insel, damit in dem Windschutz nach Herstellen einer Leinenverbindung das Gummifloß längsseits genommen werden kann und ein sicheres Abbergen der Schiffbrüchigen ermöglicht wird. Nach und nach gelingt es, zwölf Männer aus der Insel zu bergen. Die meisten von ihnen waren nur dürftig bekleidet und froren erbärmlich; sie hatten Freiwache, als das Unglück mit der verrutschten Ladung passierte, und konnten aus ihren Kojen gerade noch rechtzeitig an Deck eilen, um von Bord zu kommen.

Unten im Wohnraum des Seenot-rettungskreuzers haben die Rettungs-männer die Heizung mächtig aufge-dreht. Es herrscht schon einiges Ge-dränge, während den Geretteten die nassen Sachen vom Leibe gezogen und sie in trockene Trainingsanzüge gesteckt werden; die Sauna-Tempe-ratur und Töpfe voll heißen Tees brin-gen die Männer – acht Spanier, drei Dänen und ein Holländer – wieder auf die Beine.

Unterdessen ist ein Hubschrauber vom Such- und Rettungsdienst der Bundesmarine am Werk, den Kapi-tän und die restlichen Männer vom Wrack aufzuwinschen. Bis zuletzt hatten die Dänen, auf der schon fast horizontalen Wand des Ruderhauses hockend, auf ihrem Schiff ausgehal-ten. Vielleicht hofften sie, daß das schwer angeschlagene Wrack doch noch unter Land geschleppt werden könnte?

Während "Theodor Heuss" noch die Rettungsinsel an Deck nimmt und nach Südwesten abdreht, treibt die "Sten-Trans" noch einige Minuten kieloben und verschwindet fast laut-los unter der Wasseroberfläche. Wenig später hören unsere Rettungs-männer eine nautische Warnnach-richt von Kiel-Radio, derzufolge 12 Seemeilen vom Kelds-Nor-Leucht-turm ein gefährliches Wrack auf etwa 18 Meter Wassertiefe liegt. Und wäh-rend die Schiffbrüchigen in Laboe um 07.30 Uhr sich als Freunde fürs Le-ben von den Rettungsmännern der "Theodor Heuss" verabschieden, läuft gerade von Kiel kommend der Tonnenleger des Wasser- und Schiff-fahrtsamtes in der Kieler Förde vor-bei. Sein Kapitän hat den Auftrag, 12 Seemeilen vom Kelds-Nor-Leucht-turm eine grüne Wracktonne zu ver-ankern...

## "Feuer!"
## 2775-BRT-Frachter in Flammen.
## Einsatz der Seenotkreuzer verhinderte Umweltkatastrophe vor Borkum.

Nach wie vor sind Brände und Explo-sionen an Bord die häufigste Ursache für Totalverluste der Welthandelsflot-te. Das geht aus einer Statistik her-vor, die vom Bremer Institut für See-verkehrswirtschaft für das "Jahrbuch der Weltschiffahrt 1984" angefertigt worden ist und alle entsprechenden Schiffsunfälle von 1979 bis 1983 er-faßt hat.

1198 seegehende Handelsschiffe mußten in diesem Zeitraum als Total-verlust abgebucht werden.

Eine Katastrophe größeren Ausma-ßes konnte am zweiten Weihnachts-tag 1984 vor der deutsch-holländi-schen Nordseeküste verhindert wer-den, als der unter zypriotischer Flag-ge laufende Frachter MS "Blue Spirit" 20 Meilen nordwestlich von Borkum in Brand geriet.

Sechzehn Besatzungsmitglieder wur-den von dem in der Nähe des Unfall-ortes arbeitenden dänischen Kabel-leger "Peter Faber" aufgenommen; ein Steward fand den Tod.

Zunächst leisteten der Seenotkreu-zer "Georg Breusing"/Station Bor-kum und später die "Wilhelm Kai-sen"/Seeposition Deutsche Bucht wirkungsvolle und größere Schäden verhütende Arbeit, als sie während eines stundenlangen, mühsamen Einsatzes immer wieder auflodernde Brände unter Kontrolle brachten.

Aufgrund des schnellen Eingreifens und der Tatsache, daß mit der "Wil-helm Kaisen" der Seenotkreuzer mit der damals größten Löschkapazität in der DGzRS-Flotte (26000 l/min.) zur Verfügung stand, konnten wei-tere Schäden am Schiff verhindert werden.

Immerhin hatte das 2775 Bruttoregi-stertonnen (BRT) große Frachtschiff "Blue Spirit" auf seiner Fahrt von Ant-werpen nach Bremen 40 000 Liter Dieselöl in den Bunkern; außerdem befand sich Ladung unterschiedlich-ster Gefahrenklassen an Bord; ät-zende, zum Teil selbstentzündliche und giftige Stoffe sowie Bitumenfäs-ser und imprägnierte Eisenbahn-schwellen.

# VOLLE KRAFT VORAUS
## *See-Not-Rettung zukünftig*

125 Jahre Deutsche Gesellschaft zur Rettung Schiffbrüchiger – das ist die Geschichte vom Strandrecht zur selbstlosen Einsatzbereitschaft für den in Not geratenen Mitmenschen; das ist der lange Weg vom einfachen, offenen Ruderboot und der Hosenboje über das Motorrettungsboot bis zum hochtechnisierten, leistungsstarken Seenotkreuzer.

In der Rückschau bleibt festzuhalten, daß sich menschliches Denken und Handeln oder technische Innovationen im Seenotrettungswesen zu keiner Zeit in Form eines "kreativen Urknalls" vollzogen haben. Der Fortschritt war vielmehr das Ergebnis vieler kleiner Schritte auf einem Gebiet, das ständig in Bewegung ist und in dem Stillstand gleichbedeutend wäre mit Rückschritt.

Wie wird es in Zukunft weitergehen? Revolutionäre technische Umwälzungen sind auch in den vor uns liegenden Jahren sicher nicht zu erwarten. Seenotkreuzer, Seenotrettungsboote und deren Ausstattungen haben einen Standard erreicht, der zukünftig auszubauen und weiterzuentwickeln sein wird. Hierbei müssen immer wieder neue Erkenntnisse aus dem Spezialschiffbau, aber auch aus Teilaspekten wie der medizinischen Versorgung und der Brandbekämpfung in die Praxis umgesetzt werden. Detailverbesserungen werden ein wesentlicher Bestandteil zukünftiger Konzeptionen sein. Dazu gehören Forschungen zur Optimierung der Bergung von Schiffbrüchigen aus dem Wasser ebenso wie die Erprobung von Alternativen zu dem jetzigen Verfahren, Tochterboote zu Wasser zu lassen und wieder aufzunehmen. Der Bereich "Kommunikation" wird darüber hinaus zunehmende Bedeutung erlangen und zu einem Hauptaugenmerk der Arbeit der DGzRS werden. Gemeint ist vornehmlich der schnelle, zuverlässige Datenaustausch zwischen allen Institutionen, die an maritimer Suche und Rettung direkt oder mittelbar beteiligt sind; ebenso die Verständigung zwischen der SEENOTLEITUNG BREMEN und der Rettungsflotte sowie zwischen den DGzRS-Einheiten untereinander.

Auf internationaler Ebene wird die "Familie der Seenotretter" noch enger zusammenrücken. Auf der Basis der Vereinbarung über Suche und Rettung auf See aus dem Jahr 1979 (SAR-Konvention der International Maritime Organisation) sind "etablierte" Gesellschaften wie die DGzRS aufgerufen, "Entwicklungsländern" im Seenotrettungsdienst mit ihrem Know-How, ihrer Erfahrung und ihren Kenntnissen beim Auf- und Ausbau mit Rat und Tat zur Seite zu stehen. Schiffahrt muß auf allen Meeren sicherer werden.

Trotz strenger Sicherheitsmaßnahmen in der Handelsschiffahrt und eines größeren Sicherheitsbewußtseins in der Sportschiffahrt sind die Anforderungen an einen zeitgemäßen Seenotrettungsdienst in den letzten Jahren gewachsen. Das Verkehrsaufkommen insgesamt ist gestiegen, und die Deutsche Bucht und die westliche Ostsee zählen zu den meistbefahrenen und gefährlichsten Revieren der Welt. Dieser Trend wird sich sehr wahrscheinlich fortsetzen, und wenn in früheren Zeiten Rettungsfahrten mit einfacheren Booten überwiegend nur im küstennahen Bereich denkbar waren, so wird von einem modernen Seenotkreuzer heute der Einsatz unter allen Umständen und im wahrsten Sinne des Wortes nahezu "grenzenlos" verlangt. Voraussetzung dafür ist die ständige Modernisierung der Rettungsflotte, wobei die DGzRS mittelfristig eine Straffung der Typen-Vielfalt anstrebt. Nach den derzeitigen Plänen der Gesellschaft wird der 27,5-m-Seenotkreuzer ("Berlin"-Klasse) zukünftig den Standardtyp der großen SAR-Einheit darstellen, während der 23-m-Kreuzer ("Eiswette") für die kleinere Klasse als Standardtyp vorgesehen ist. Schließlich ist daran gedacht, auch die verschiedenen Seenotrettungsboot-Klassen durch einen einheitlichen Typ zu ersetzen (ca. 8 m Länge).

Höhere Anforderungen im Seenotrettungsdienst bedeuten nicht nur für die Technik, sondern auch für die Menschen, die an Bord der Seenotkreuzer und Seenotrettungsboote ihren Dienst versehen, eine Herausforderung. Zumindest die psychischen Belastungen für den einzelnen sind höher geworden. Künftig wird es noch stärker darauf ankommen, den Rettungsmann durch eine gründliche und umfassende Aus- und Weiterbildung auf die vielfältigen Aufgaben vorzubereiten. Dem "SAR-Spezialisten" wird eine immer größere Rolle zukommen. Bleiben werden für jeden Rettungsmann die Liebe zur See (obwohl gerade er oftmals die See von ihrer unangenehmen, ja grausamen Seite erlebt) und die Identifikation mit den Aufgaben und Zielen eines auf Freiwilligkeit beruhenden Rettungswerks als Grundvoraussetzungen für eine erfolgreiche Arbeit.

In den zurückliegenden 125 Jahren wurden von den Männern der Deutschen Gesellschaft zur Rettung Schiffbrüchiger 50.000 Menschen aus Seenot gerettet oder aus lebensbedrohender Gefahr befreit. Und solange es Menschen gibt – auf See und an Land –, die sich dieser Aufgabe verpflichtet fühlen, kann die DGzRS mit Zuversicht in die Zukunft blicken. See – Not – Rettung: Wir alle sind aufgerufen, uns dieser Herausforderung zu stellen, dazu beizutragen, daß diese so wichtige Arbeit weiterhin uneingeschränkt und ebenso erfolgreich wie bisher fortgeführt werden kann.

*Schleppversuche im Tank: Die optimale Rumpfform für einen neuen Seenotkreuzertyp wird ermittelt*

# VOM RUDERBOOT ZUM SEENOT-KREUZER

## Ein kurzer Anhang über die Geschichte des deutschen Seenotrettungswerks

Jahrhundertelang hat die Menschheit Katastrophen und Unglücke als nicht abwendbare Verhängnisse betrachtet, sozusagen als Strafgerichte überweltlicher Mächte, durch die Schuldige getroffen wurden. Damit stellte sich auch nicht die Gewissensfrage, ob, von wem und unter welchen Umständen Hilfe für den in Not geratenen Menschen zu leisten wäre. Die Not des einzelnen wurde als Vorsehung, als unabwendbares Schicksal begriffen – und wer wollte sich anmaßen, eingreifen zu müssen? Diese fatalistische Einstellung war jedoch nicht nur kennzeichnend für das

Verhalten der Bewohner an den Küsten oder auf den Inseln, sie war vielmehr generell Ausdruck des Zeitgeistes. Die Küstenbewohner waren somit keineswegs gleichgültiger oder unmenschlicher, in ihren Gebieten kam diese Grundhaltung jedoch in besonders spektakulärer Weise zum Ausdruck. Seeraub war in jener Zeit ein legitimes Recht meeranliegender Adliger und Herrengeschlechter, Strandrecht ein normaler und durchaus willkommener Nebenerwerb für die überwiegend in bescheidenen Verhältnissen lebende Bevölkerung. Erst nach und nach setzte sich humanitäres Gedankengut

durch, und viele Rettungswerke haben ihren Ursprung etwa Mitte des 19. Jahrhunderts.

### 1802
Die Memeler Kaufmannschaft stationiert an der Ostsee ein erstes Ruderrettungsboot.

### 1850
Die preußische Regierung errichtet an der Ostseeküste erste Rettungsstationen, die den örtlichen Lotsenämtern unterstellt sind, jedoch ohne Erfolg betrieben werden, so daß die Arbeit auf den meisten dieser insgesamt 20 Stationen nach kurzer Zeit wieder eingestellt werden muß.

**November 1854**
Vor Spiekeroog strandet im schweren Herbststurm das Auswandererschiff "Johanne". 84 Menschen ertrinken in der tosenden See.

**September 1860**
Die Brigg "Alliance" läuft auf das gefürchtete Borkum-Riff und sinkt. Von der Besatzung des Seglers bleibt niemand am Leben. Nach Schätzungen geraten damals jährlich mehr als 50 Schiffe allein vor den Inseln der deutschen Nordsee in Seenot. Mangelnde Organisation und Ausrüstung und das zum Teil noch ausgeübte Strandrecht verhindern zu jener Zeit in fast allen Fällen Rettungsmaßnahmen für die Schiffbrüchigen.

**3. Oktober 1860**
Von derartigen Schiffskatastrophen bewegt und von Augenzeugen-Berichten erschüttert, prangert erstmals der 27jährige Adolph Bermpohl, einst Obersteuermann auf Tiefwasserseglern und zu dem Zeitpunkt Navigationslehrer an einer privaten Seefahrtsschule, in der "Vegesacker Wochenschrift" die Teilnahmslosigkeit der Bevölkerung angesichts des unermeßlichen Leids von Schiffbrüchigen in der Öffentlichkeit an.

**20. November 1860**
Der gebürtige Gütersloher Bermpohl findet in dem Vegesacker Advokaten C. Kuhlmay einen Mitstreiter und Weggefährten. Gemeinsam wenden sie sich in einem "Aufruf zu Beiträgen für die Errichtung von Rettungsstationen auf den deutschen Inseln der Nordsee" an die Redaktionen aller norddeutschen Zeitungen. Ihr eindringlicher Appell wird aufgenommen von dem Redakteur beim Bremer Handelsblatt, Dr. Arwed Emminghaus, und dem Emder Oberzollinspektor Georg Breusing.

**2. März 1861**
Unter der Führung von Georg Breusing wird in Emden der "Verein zur Rettung Schiffbrüchiger in Ostfriesland" ins Leben gerufen, der zunächst auf Langeoog und Juist, dann auch auf anderen Inseln und an der Küste erste Rettungsstationen einrichtet. Noch im selben Jahr etablieren sich ähnliche Vereinigungen in Hamburg mit der Station Cuxhaven, in Stralsund sowie in Bremen mit der Station Bremerhaven; letztere kann jedoch erst ab 1863 erfolgreich aufgebaut werden.

**Mai 1861**
Die Appelle von Bermpohl und Kuhlmay bleiben auch in der Bremer Handelskammer nicht ungehört. So nimmt sich deren "Seekommission" unter Vorsitz von Konsul Hermann Henrich Meier der Sache an, was sich jedoch zunächst als Rückschlag für das Wirken der Wegbereiter eines deutschen Seenotrettungswerks herausstellt: Die Bremer Handelskammer hatte nämlich den Barsemeister Lüder Hindrichson mit der Prüfung der Verhältnisse an der Küste von Wangerooge bis Borkum beauftragt. Nach dreiwöchiger Bereisung war Hindrichson zu der Auffassung gelangt, daß für die Errichtung eines Seenotrettungswerks keine Aussicht auf Erfolg bestünde. Ferner stellte er die Einsatzbereitschaft der Bevölkerung und die Möglichkeiten, genügend Männer für Rettungsboote zu finden, in Frage. Unter Berufung auf diesen pessimistischen Bericht zeigt sich in der Folgezeit auch Konsul H. H. Meier skeptisch in bezug auf die Durchführbarkeit der Ideen Bermpohls, Kuhlmays, Breusings und Emminghaus'.

**29. Mai 1865**
Letztlich ist es Dr. Arwed Emminghaus, der den Plan zur Errichtung eines deutschen Seenotrettungswesens nach englischem und holländischem Vorbild mit allem Nachdruck weiterverfolgt. Ihm geht es nicht nur generell um die Gründung des Rettungswerks als Verwirklichung des großen humanitären Auftrags, sondern auch darum, eine Zersplitterung in zahlreiche örtliche Rettungsvereine zu verhindern. Über drei Jahre unermüdlicher Arbeit und behutsamen Verhandelns waren erforderlich, bis Emminghaus schließlich am Ziel ist:
In Kiel wird am 29. Mai 1865 die Deutsche Gesellschaft zur Rettung Schiffbrüchiger als einheitliches deutsches Seenotrettungswerk gegründet. Lediglich die Vereine in Emden und Hamburg haben zunächst noch Bedenken, ihre Selbständigkeit aufzugeben, und schließen sich einige Jahre später der Gesellschaft an. Emminghaus ist es auch, der der Kieler Gründungsversammlung vorschlägt, Konsul H.H. Meier aus Bremen, den Mitbegründer des Norddeutschen Lloyd, zum ersten Vorsitzer der DGzRS zu wählen. Von seiner Wahl telegrafisch verständigt, nimmt H.H. Meier – trotz seiner erheblichen Bedenken aufgrund des Gutachtens von Hindrichson – das ihm

angetragene Ehrenamt überzeugt und ohne Zögern an. Somit ist auch Bremen als Sitz der DGzRS festgelegt. Konsul H.H. Meier verschafft der jungen Gesellschaft Ansehen und Beachtung, gewinnt ihr die Schirmherrschaft des Staatsoberhauptes, des Königs und dann des Kaisers, und die internationale Anerkennung und Geltung. Dem Willen der Wegbereiter und Gründer entsprechend, soll das deutsche Seenotrettungswerk als Aufgabe und Verpflichtung aller Deutschen begriffen und nur von freiwilligen Zuwendungen, ohne staatliche Einflüsse, getragen werden. Im Anschluß an die Gründungsversammlung werden an den deutschen Küsten umgehend Rettungsstationen errichtet, die mit einfachen, offenen Ruderrettungsbooten, Raketen-Leinenschießgeräten und Hosenbojen ausgestattet werden. Auch gilt es, mutige Männer zu finden, die auf den Stationen ihren selbstlosen "Dienst unter der Flagge der Menschlichkeit" aufnehmen. Nach negativen Erfahrungen mit englischen Peake- und amerikanischen Francis-Booten entwickelt die DGzRS in den nächsten Jahren den Standardtyp des "Deutschen Normal-Ruderrettungsbootes".

### 1870
Unabhängig von der DGzRS konstituiert sich in Berlin ein "Vaterländischer Verein zur Rettung Schiffbrüchiger", der sich allerdings zwei Jahre später dem Seenotrettungswerk als ordentlicher Bezirksverein anschließt.

### 1872
Der Deutschen Gesellschaft zur Rettung Schiffbrüchiger werden durch den Senat der Freien Hansestadt Bremen die Rechte einer "juristischen Person" verliehen (nach heute gültigem Recht ist dies dem Status eines eingetragenen Vereins vergleichbar).

### 1875
Zehn Jahre nach der Gründung unterhält die DGzRS bereits 91 Stationen an der Nord- und Ostseeküste, von denen in diesem Zeitabschnitt insgesamt 870 Schiffbrüchige gerettet wurden.

### 1890
Nach 25 Jahren verfügt die DGzRS zwischen Borkum und Memel über 111 Rettungsstationen, mehr als 1000 freiwillige Rettungsmänner stehen für den Seenotrettungsdienst zur Verfügung. Darüber hinaus haben sich in der Zwischenzeit 58 Bezirksvereine und 255 ehrenamtliche Vertreterschaften mit insgesamt 48 979 fördernden Mitgliedern gebildet.

### 1911
Mit der "Oberinspector Pfeifer" stellt die DGzRS ihr erstes motorgetriebenes Rettungsboot in Dienst. Bis zum Krieg folgen weitere sieben Einheiten. Versuche mit diesen Benzinmotorbooten verlaufen allerdings nicht sehr erfolgreich.

### Nach dem Ersten Weltkrieg
Erst die Entwicklung robuster, raumsparender Dieselaggregate nach dem Ersten Weltkrieg ermöglicht in größerem Umfang die Umstellung auf gedeckte Motorboote. Die DGzRS muß ihre Stationen auf Rømø und im Danziger Raum abtreten, führt jedoch den Rettungsdienst im Memelland kommissarisch weiter.

### 1939
Nachdem in den Jahren zuvor die Weiterentwicklung des Motorrettungsbootbaus intensiv betrieben wurde, verfügt die DGzRS vor Ausbruch des Zweiten Weltkriegs über 39 Motorrettungsboote, 55 Ruderrettungsboote und 71 Raketenapparate auf 101 Rettungsstationen. Der Mitgliederstand beläuft sich auf rund 58 200 Förderer.

### Zweiter Weltkrieg
Auch während des Zweiten Weltkriegs kann die DGzRS eine relative Unabhängigkeit und Eigenständigkeit bewahren. Dies ermöglicht ihr die Fortführung des Seenotrettungsdienstes sowie den durch den Krieg bedingten Sondereinsatz "für Freund und Feind" unter dem Schutz der Genfer Konvention. Die Rettungsboote werden zu diesem Zweck mit einem deutlich sichtbaren roten Kreuz gekennzeichnet. 1942 erreicht die Mitgliederzahl zunächst ihren Höchststand: 173 000 Freunde und Förderer unterstützen die Arbeit des Seenotrettungswerks. Die erhöhten Anforderungen, hervorgerufen durch die kriegerischen Auseinandersetzungen auf See sowie durch den Luftkampf über See, erfordern den Bau leistungsstärkerer Rettungseinheiten, die auch für längere Zeit auf Seeposition liegen können.

### 1945
Der Wiederaufbau des Seenotrettungswerks unter Führung seines Vorsitzers Konsul Hermann Helms und des Inspektors John

Schumacher beginnt im Zuständigkeitsbereich der Deutschen Bucht und der im Einflußbereich der West-Alliierten gebliebenen westlichen Ostsee. Da die Hauptverwaltung der DGzRS in Bremen durch den Krieg nahezu vollkommen zerstört worden war, wird die Einsatzleitung mit Unterstützung der britischen Besatzungsmacht vorübergehend nach Cuxhaven verlegt.

### 1952

In der Werderstraße in Bremen wird das neue Gebäude der Hauptverwaltung der DGzRS in Höhe des Oberländer Hafens, direkt an der Weser, eingeweiht. Die DGzRS arbeitet in den Folgejahren verstärkt an der Entwicklung eines schnellen Seenotkreuzer-Typs mit Tochterboot, dies vor allem unter Berücksichtigung der Eigenheiten der Reviere in Nord- und Ostsee mit zahllosen gefährlichen Sänden und Untiefen.

### 12. Februar 1957

In Anwesenheit des Schirmherrn der Gesellschaft, Bundespräsident Professor Theodor Heuss,

wird ein Seenotkreuzer auf dessen Namen getauft. Nach eingehenden Versuchen mit verschiedenen Bootstypen beginnt mit der Indienststellung der "Theodor Heuss" eine neue wegweisende Ära im Bau moderner, vielseitig einsetzbarer Boote der DGzRS-Rettungsflotte. Die "Theodor Heuss" ist nicht nur Vorbild für den Bau von drei Schwesterschiffen, sondern in modifizierter Form auch für andere Seenotkreuzer-Klassen in den folgenden Jahren.

### 1959

Die Deutsche Gesellschaft zur Rettung Schiffbrüchiger ist Ausrichter der achten International Lifeboat Conference (heute: International Lifeboat Federation). Mit diesem Treffen der Seenotrettungsdienste auf internationaler Ebene in Bremen wird gleichzeitig die endgültige Wiederaufnahme der DGzRS in den Kreis der weltweiten "Seenotrettungsfamilie" dokumentiert.

### 29. Mai 1965

100 Jahre nach ihrer Gründung unterhält die DGzRS 21 Ret-

tungsstationen in dem Gebiet der Deutschen Bucht und der westlichen Ostsee. Im selben Jahr erfährt die DGzRS durch eine Erklärung von Bundesverkehrsminister Seebohm vor dem Verkehrsausschuß des Deutschen Bundestages eine erste staatliche Rechtsgrundlage für ihre Arbeit und eine Anerkennung des Rettungsdienstes.

### 11. März 1982

Nachdem bereits im April 1979 die Bundesminister für Verkehr und Verteidigung eine Vereinbarung über den SAR (Search and Rescue = Suche und Rettung)– Dienst getroffen haben, wird die Zuständigkeit der DGzRS für den maritimen Such- und Rettungsdienst in der Bundesrepublik Deutschland in einer Vereinbarung zwischen dem Bundesminister für Verkehr und dem Seenotrettungswerk festgestellt und gesichert.

### 29. Mai 1985

Am 120. Geburtstag der DGzRS wird in Anwesenheit des Schirmherrn, Bundespräsident Dr. Richard von Weizsäcker, der See-

*Die 8. International Lifeboat Conference, 1959, in Bremen*

*Taufe des Seenotkreuzers "Berlin", 1985, in Vegesack*

notkreuzer "Berlin" mit Tochterboot "Steppke" getauft. Die "Berlin" und drei weitere Neubauten in der Folgezeit ersetzen die vier Einheiten der "Heuss"-Klasse. Mit ihrer modernen Rettungsflotte sowie den entsprechenden Einrichtungen an Land erfüllt die Deutsche Gesellschaft zur Rettung Schiffbüchiger die Anforderungen an einen zeitgemäßen Seenotrettungsdienst, wie sie in der SAR-Konvention der International Maritime Organisation (einer Unterorganisation der UNO), die im selben Jahr in Kraft tritt, weltweit verbindlich geregelt sind.

## 1987

Nach Ausmusterung der "Theodor Heuss"-Klasse zwei Jahre zuvor war der Seenotkreuzer "H.H. Meier" zunächst in "Theodor Heuss" umbenannt worden, um im Rettungsdienst noch als Reserveboot im Rahmen eines umfangreichen Versuches zum Einsatz zu kommen. Diese Einheit tritt im Frühjahr 1987 ihre letzte Reise an, die sie zunächst auf eigenem Kiel in ungewohn-

ten Gewässern von Bremen den Rhein, den Main und den Main-Donau-Kanal hinauf bis Nürnberg führt, um dort auf einen 55 m langen Spezialtransporter verladen zu werden mit Ziel Deutsches Museum, München. Dieser außergewöhnliche Transport ist in der Presse als der längste bezeichnet worden, der je über Deutschlands Straßen rollte. Am 15. April 1987 findet die spektakulärste Aktion der DGzRS an Land ihr glückliches Ende mit dem Eintreffen des Seenotkreuzers im Deutschen Museum, wo er heute als technisches Meisterwerk seiner Zeit, aber auch als Denkmal zur Erinnerung an den harten, selbstlosen Dienst der Seenotretter zu sehen ist.

Heute sind 36 Einheiten – vom 7-m-Seenotrettungsboot bis zum 44-m-Seenotkreuzer – im Einsatz. Die Rettungsflotte der DGzRS zählt zu den modernsten und leistungsfähigsten in der ganzen Welt, koordiniert von der SEENOTLEITUNG BREMEN. Und trotz aller Technik: Im Mittelpunkt steht nach wie vor der

Mensch. Wichtigste Voraussetzung bleibt die ständige Bereitschaft erfahrener Rettungsmänner zum selbstlosen und aufopferungsvollen Einsatz. Über 50 000 Menschen konnten in der 125jährigen Geschichte der DGzRS gerettet oder aus kritischer Gefahr befreit werden. Dies alles war und ist jedoch nur möglich durch die Bereitschaft der Bevölkerung unseres Landes, die Arbeit der Seenotretter durch ihre finanzielle und ideelle Zuwendung zu unterstützen. 180 000 Mitglieder und Spender sowie zahlreiche ehrenamtliche Helfer tragen dazu bei, daß die Deutsche Gesellschaft zur Rettung Schiffbrüchiger ihre Aufgaben unabhängig und eigenverantwortlich erfüllen kann.

### Vorsitzer der DGzRS

| | |
|---|---|
| 1865-1898 | H.H. Meier |
| 1898-1908 | Theodor Gruner |
| 1908-1909 | Hermann Frese |
| 1909-1924 | August Nebelthau |
| 1924-1943 | Adalbert Korff |
| 1943-1980 | Hermann Helms |
| 1980-1990 | Ernst Meier-Hedde |

*Die spektakuläre Überführung der "Theodor Heuss" nach München ins Deutsche Museum, 1987*

# 125 Jahre Deutsche Gesellschaft zur Rettung Schiffbrüchiger im Spiegel ihrer Jahrbücher

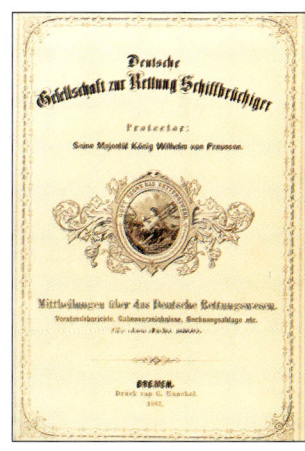

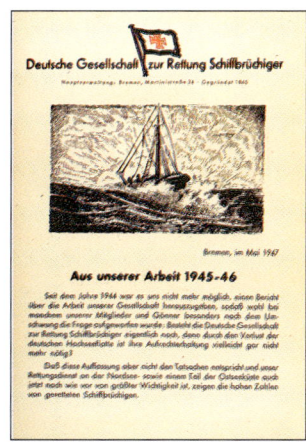

**SEE – NOT – RETTUNG**

ISBN 3-89242-127-7
Herausgegeben von der
Deutschen Gesellschaft zur Rettung Schiffbrüchiger
© 1990 Verlagshaus Die Barque, Hamburg

# Karte der
# DGzRS – Rettungsstationen
# im Jahre 1899

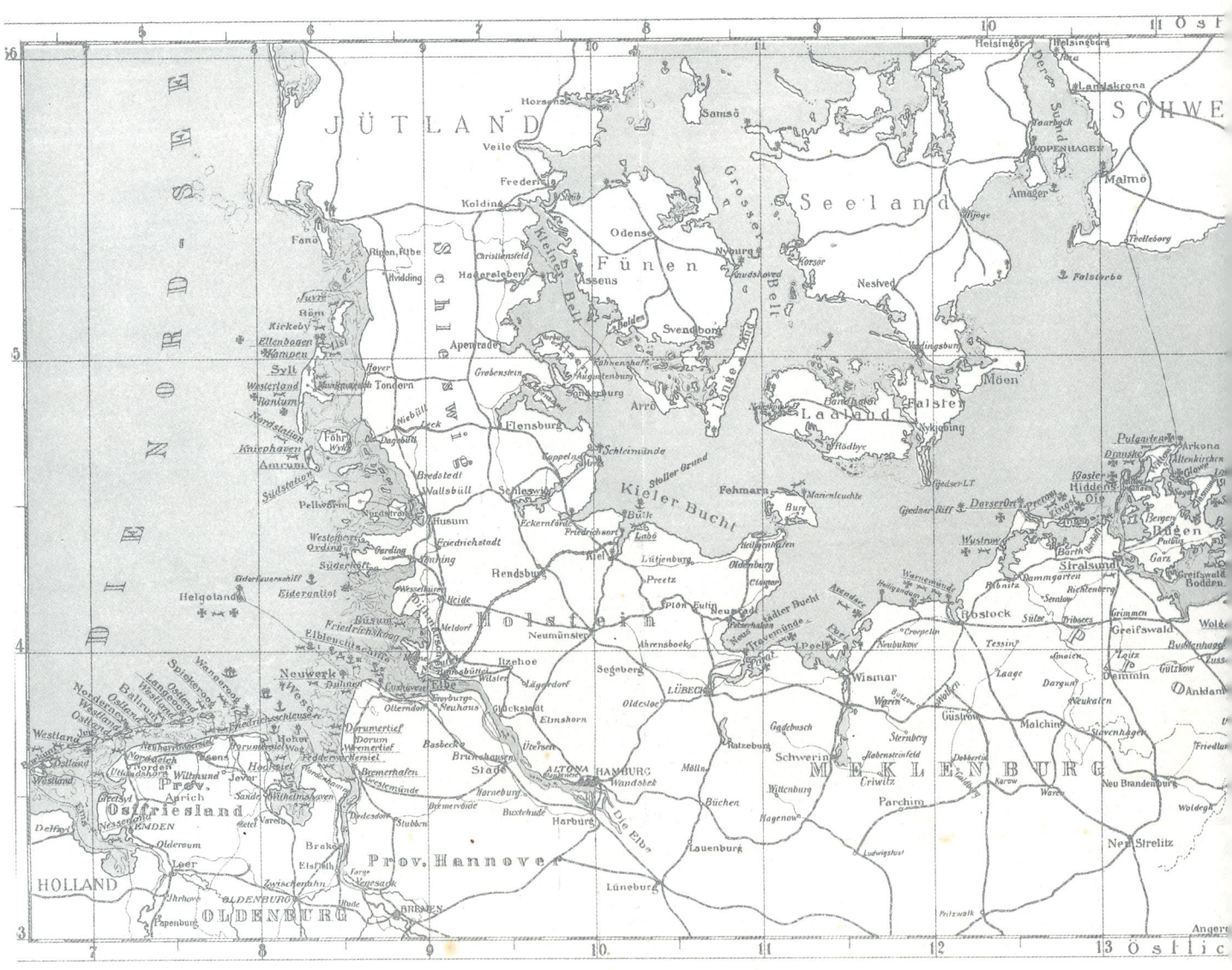